Weimaraner

GILA UND ANTON FICHTLMEIER
UNTER MITARBEIT VON
DÉSIRÉE BETHGE UND SUSANNE EHLERS

Weimaraner

Geschichte Haltung Ausbildung Beschäftigung

KOSMOS

10 – 63
Die Geschichte des Weimaraners

64 – 115
Haltung

116 – 177

Ausbildung & Beschäftigung

178 – 192

Service

Zum Geleit

Die Fichtlmeiers und ihre Weimaraner.

Wer sie zusammen erlebt, ist beeindruckt und begeistert. Da war „Herr Quibinger", ein passender Name für einen Weimaraner-Rüden mit Substanz und Persönlichkeit, gelassen und gleichzeitig engagiert. Ein Hund, der deutlich Gefährte war für seine Menschen. Nicht im Kadavergehorsam, dressiert, geduckt und ängstlich-besorgt, sondern intelligent, wach und immer mit der Frage: „Okay, und was können wir als Nächstes machen?"

Und da ist „Emma", die Weimaraner-Hündin, deren Ausbildung die beiden Fichtlmeiers in diversen international prämierten Lehrfilmen dokumentierten, eine hoch engagierte und passionierte Jagdhündin, immer dabei und jederzeit bereit.

Doch die exemplarische Hundeführerschaft ist nur ein Teil dessen, was Fichtlmeiers profunde Kenntnis des Weimaraners ausmacht. Als Anlaufstelle für Problemhunde im deutschsprachigen Raum hat Anton Fichtlmeier unzählige verhaltensauffällige Weimaraner therapiert. Wer sich mit Ausbildung von Hunden beschäftigt, kennt ihn als Autor von Büchern und DVDs. Er schreibt in Fachzeitschriften, wie „Wild und Hund", wo er handfeste Hilfestellung gibt. Seine Frau Gila Fichtlmeier dokumentiert alles mit Film oder Foto. Anton Fichtlmeier hält Vorträge und Seminare und hat ein sehr erfolgreiches lizenziertes Ausbildungskonzept entwickelt, nach dem immer mehr Hundeschulen arbeiten.

Fasziniert beobachte ich seit fast 20 Jahren, wie er mit diesen anspruchsvollen Hunden umgeht, Hundeführer unterstützt und anleitet. Für mich zeichnet Anton Fichtlmeier eine einzigartige Kombination aus: die praktische Erfahrung und erfolgsorientierte Hilfestellung auf der einen Seite und die wissenschaftliche Neugier, die tradierte Denkmuster immer wieder kritisch hinterfragt und zu neuen hilfreichen Ergebnissen kommt, auf der anderen Seite. Und genau das macht ihn so erfolgreich im Umgang mit dieser ganz besonderen Hunderasse. Wenn es Kenner gibt für die eleganten Grauen, dann sind es Gila und Anton Fichtlmeier. Ihr Wissen finden Sie in diesem Buch. Die Fotos von Gila Fichtlmeier allein sprechen Bände.

Für alle Weimaraner Fans ein Muss –
und ein optisches Vergnügen obendrein!

Viel Freude mit diesem Buch!

Désirée Bethge
www.image-x.tv

Emma im Kornfeld.
Ihren Adleraugen entgeht nichts!

ZU DIESEM BUCH

Wir haben eines gemeinsam: Wir alle interessieren uns für Weimaraner, für diese ganz spezielle Hunderasse. Für viele, und insbesondere für uns, sind Weimaraner die idealen Hunde: als Begleiter, als Teil unseres Lebens und vor allem auch als Jagdgefährten. Denn über all ihrer Eleganz, dem silbergrauen Fell und den hellen Augen sind Weimaraner vor allem eines: Jagdhunde! Für die Jagd wurden sie gezüchtet, die Jagd bestimmt ihr Wesen und in der Jagd finden sie ihre Erfüllung.

Ihre Wurzeln haben die Weimaraner in der alten deutschen Rasse des Vorstehhundes. Deshalb widmen wir das erste Kapitel der Geschichte, und damit der Frage: Woher kommt der Weimaraner eigentlich? Danach behandeln wir ganz praktische, handfeste Themenbereiche wie Haltung, Gesundheitsvorsorge, Ausbildung und rassespezifische Beschäftigung.

Mit diesem Buch möchten wir das Verständnis dafür vertiefen, was den Weimaraner ausmacht, welche Bedürfnisse er hat und was wir tun müssen, um ihm wirklich gerecht zu werden. Denn dieser Hund stellt hohe Ansprüche an uns, und nur wenn wir diese erfüllen, erreichen wir das, was wir doch alle wollen: ein harmonisches Zusammenleben von Mensch und Hund.

Jeder Hundehalter bestimmt selbst zu einem großen Teil, wie sein Weimaraner wird. Wir wünschen Ihnen einen zufriedenen, gelassenen und souveränen Hund, der nicht nur wegen seiner Schönheit, sondern auch wegen seines Wesens von allen bewundert wird.

Viel Freude beim Lesen! Wir freuen uns über jedes Feedback von Ihnen.

Gila und Anton Fichtlmeier

DIE GESCHICHTE DES WEIMARANERS

Die Jagdhunde des Mittelalters

Wenn wir die Entstehung der Weimaraner Hunderasse verstehen möchten, begeben wir uns am besten auf eine Zeitreise zur Jagd im Mittelalter. Zu dieser Zeit begann der Adel, das Jagdrecht allein für sich zu beanspruchen. Zuerst galt dieses Vorrecht nur für das Hochwild, später wurden den Bauern und den niederen Ständen jegliche Rechte zur Jagd aberkannt.

Die Bedeutung der Jagd

Die adligen Herren nutzten die Jagd als vergnügliche Unterhaltung, aber auch zur Leibesertüchtigung und zur Erprobung kriegerischer Fähigkeiten. Jagdbeamte sorgten für die Hege des Jagdreviers und die Wahrung des Jagdrechts ihrer aristokratischen Dienstherren.

Die Lieblingstiere des Adels für die Jagd waren Falken, Habichte und Hunde. Hunde wurden zu dieser Zeit noch nicht nach Rassen unterschieden, sondern danach, für welche Jagdzwecke sie eingesetzt werden konnten. Schon damals waren Jagdhunde sehr wertvoll.

Jagdhundetypen

Mit wachsender Spezialisierung der Jäger in Wolfsjäger, Pirschjäger für Hochwild, Otter- und Biberjäger, Hasenjäger, Feldhuhnjäger etc. unterschied und benannte man auch die Jagdhunde immer genauer nach ihren vorrangigen Aufgaben. So unterschied man folgende Typen:

- Den Leithund zum Auffinden von Rotwild.
- Den Windhund für die Hasen- und Rehhetze.
- Den Treibhund, der eine Rotte oder einzelne Wildschweine aus dem Dickicht trieb und sie stellte, bis die Jäger das Wild mit einem Spieß, der sogenannten Saufeder, erlegen konnten.
- Den Hetzhund, der als Packer Bären und Auerochsen stellte. Dazu zählten Doggen und molosserartige, sehr große, extrem scharfe Hunde.
- Den Habichtshund zum Stöbern und Aufjagen des Sumpfgeflügels.
- Den Vogelhund, der Rebhühner und Wachteln mit der Nase aufspürte und sie durch seine typische Körperhaltung, das „Vorstehen", anzeigte.

In einem Dokument aus dem Jahr 1565 liest man über das Vorstehen: „Unter den Leithunden werden die jenige vor allem gepriesen, so sich halten und still stehen, wann sie das Wild außgespähet haben, und also der Herbeykunfft deß Jägers erwarten." (Quelle: Geßner)

Diese mittelalterliche Beschreibung ist ein deutlicher Hinweis darauf, dass bereits zu dieser Zeit die charakteristische Eigenart des Vorstehens, die heute so typisch für den Weimaraner ist, von großem Interesse war. Es gibt sogar noch ältere Quellen, in denen von Hunden die Rede ist, deren Charakteristikum das Vorstehverhalten ist.

Die Geschichte des Vorstehhundes

Erste Spuren des Vorstehhundes

Wer sich auf Spurensuche begibt, findet schon bei Griechen und Römern Beschreibungen des Vorstehens. Der Grieche Xenophon (um 426 – 355 v. Chr.) nennt in „Kynegeticus", seinem Buch von der Jagd, neben starken Packern und schnellen Hetzhunden auch feinnasige und laut jagende Hunde, die, „sobald sie auf eine Spur stoßen, schnüffeln; wenn sie einen Hasen sehen, erst mal verblüfft stehen bleiben (= vorstehen) und nicht eher darauf losgehen, als bis sie ihn ausreißen sehen". Damals sah man bei den laut jagenden Hunden dieses „Vorstehen" jedoch als Fehler an. Später beschreibt Plinius der Ältere (23 – 79 v. Chr.) das Vorstehverhalten eines Hundes wie folgt: „Hat der Hund das Wild entdeckt, wie still und leise und doch wie bezeichnend sind seine Andeutungen zuerst mit dem Schwanze und dann mit der Schnauze."

Die Nutzung des Vorstehverhaltens

Praktisch genutzt wurde das Vorstehverhalten eines Hundes erst, als das Jagen über den Gebrauch des Tirass (= Netz) aufkam. Im 17. Jahrhundert gewann dann der Einsatz von Schussfeuerwaffen in der Jagd immer mehr an Bedeutung. Anfangs waren diese noch unhandlich und nur zum Schießen von aufstehendem Wild verwendbar. Mitte des 17. Jahrhunderts ermöglichte eine neue französische Erfindung die Anwendung des Gewehrs zum „Lauff- und Flugschießen" oder, wie es damals genannt wurde, zum „Lufft-Schießen".

1

2

1 *Tirassieren mit dem Vorstehhund.*
2 *„Lufftschießen“, Illustration E. Ridinger.*
3 *Weimaraner und dreifarbiger Württemberger Vorstehhund, Illustration von R. Strebel 1904.*

Erst jetzt begann die eigentliche Aufgabe des Vorstehhundes, die er auch heute noch hat: den Jäger auf verstecktes Wild aufmerksam zu machen, ohne das Wild sogleich aufzuscheuchen, damit dem Jäger ausreichend Zeit bleibt, sich schussbereit zu machen.

Tirassieren

Nachdem der Hund durch Vorstehen das Wild anzeigt und der Habicht, Falke oder Adler verhindert, dass es abhebt, wird beim Tirassieren, dem Fangen von Rebhühnern oder Wachteln, ein Netz (das sogenannte Tirass) über das Wild und oft auch über den Hund geworfen. Der Hund muss dann so lange ruhig unter dem Netz liegen bleiben, bis die Beute eingesammelt ist.

Ländertypische Spezialisierung

In Europa entwickelten sich in den verschiedenen Ländern unterschiedliche Jagdformen, was auch Einfluss auf das erwünschte Leistungsprofil der Vorstehhunde hatte. So unterschieden sich die englischen Vorstehhunde wie Pointer und Setter und die französischen Vorstehhunde wie Braques, Epagneuls, Barbets und Griffons von den kurz-, lang- und rauhaarigen deutschen Vorstehhunden vor allem dadurch, dass sie ausschließlich für die Jagd vor dem Schuss eingesetzt wurden, insbesondere für die Suche und das Vorstehen von Federwild.

3

Der deutsche Vorstehhund

Der deutsche Vorstehhund gilt als Ahnherr des heutigen Weimaraners. Die Deutschen wollten einen Jagdhund, der für die Verwendung bei allen anfallenden Aufgaben im Jagdbetrieb taugte. So selektierten und züchteten sie mit dem Ziel, einen Vollgebrauchshund zu bekommen, der neben dem Vorstehen auch für die Arbeit nach dem Schuss eingesetzt werden konnte. Zu diesen Arbeiten gehörte:

- Das Nachsuchen (Auffinden eines flüchtigen, verletzten Tieres).
- Das Niederziehen (= schnelles Töten eines verletzten Tieres).
- Das Verweisen (= Hund sucht die Beute, kommt zurück zum Hundeführer und führt diesen zum Fundort) sowie
- Das Apportieren (= Bringen) von Wild.

Anfang 1900 gab es bereits vielfältige Formen des deutschen Vorstehhundes (Quelle: Strebel), wie zum Beispiel schwere, leichtere, braune, braun-weiße, getigerte, silbergraue und dreifarbige. Unterschieden wurden dabei kurz-, rau-, lang- und stichelhaarige Schläge.

Die Herkunft des Weimaraners

Legenden und Geschichten

Zur Herkunft des Weimaraners gibt es viele Geschichten. Manche dieser Geschichten sind mehr abenteuerliche Spekulationen, andere wiederum scheinen wirklich glaubhaft. Alles in allem ist in der Kynologie (= wissenschaftliche Lehre von Hunden) und der zugehörigen Literatur wenig Konkretes zu finden. Als ziemlich sicher gilt, dass der Weimaraner zur damaligen Zeit viel Leithundeblut in sich trug.

Der Leithund

„Der Leithund wurde als der vornehmste und edelste Jagdhund bezeichnet. Seine Aufgabe war, das verborgene Wild aufzufinden, und er sollte anzeigen, wo und in welchem Dickicht es sich aufhielt, welchen Weg es dahin genommen und wie es erjagt werden konnte. Er war zu damaligen Zeiten die ganze Stütze eines Jägers, um zum Erfolg zu kommen. Ein Bellen oder Anschlagen des Leithundes war nicht erwünscht, um bei der Arbeit das Wild nicht zu verstören. Ein Leithund wurde liebkost, gestreichelt und mit Freundlichkeit und Sanftheit erzogen. Er wurde an Menschen und das tägliche Tun gewöhnt, nicht geschlagen und nicht mit aggressiven Hunden zusammengelassen. Irgendwann waren die Tage des Leithundes vorbei. Der langsam am Hängeseil arbeitende Leithund wurde in den Vorstehhund eingekreuzt, daraus entstanden die langsamen, überschweren und losschultrigen altdeutschen Vorstehhunde."

(Quelle: Ökonomische Enzyklopädie Krünitz, erschien 1773 bis 1858 in 242 Bänden)

Die erste Legende – die grauen Hunde des heiligen Ludwig

Im Mittelalter waren gute Hunde äußerst begehrt. Sie waren oft Teil wertvoller Geschenke der Fürsten oder diese ließen sie für teures Geld von weit her kommen. Für Unterhalt und Beaufsichtigung wurden große Summen ausgegeben.

Berühmt waren in Frankreich zu Ende des 13. bis ins 16. Jahrhundert hinein die sogenannten „grauen Hunde des heiligen Ludwig", „Chien Gris de Saint-Louis" (Ludwig IX., 1214–1270). Ludwig IX. war ein großer Hundeliebhaber. Bei einem seiner Kreuzzüge, so liest man, gelangte er in arabische Gefangenschaft und lernte in dieser Zeit die sogenannten tartarischen Hunde kennen. Er brachte um 1254 einige dieser Hunde zwecks Zucht in seine Heimat mit zurück. Die Farbe dieser Hunde soll ein dunkles Grau gewesen sein, das an den Läufen in die gelbliche Farbe des Hasen überging, der Rücken war schwärzlich. Zudem gab es auch silbergraue Exemplare, die als anhänglich und bei der Jagd als sehr arbeitsfreudig beschrieben wurden. Ludwig IX. förderte die Verbreitung dieser Hunde innerhalb seiner Meuten, und bis in das 17. Jahrhundert standen die Hunde der „weißen Race" in großem Ansehen.

Diese Theorie der „Chien Gris" wird jedoch angezweifelt (Quelle: Räber). Es soll

Deutsche Vorstehhunde, Illustration nach E. Ridinger 1722.

zu keiner Zeit silbergraue Vorstehhunde gegeben haben. Die berühmten „Chiens Gris" sollen nicht silbergrau wie der heutige Weimaraner, sondern sogenannte Blauschimmel (grau-blaumelierte Fellfarbe) und rauhaarig gewesen sein.

Die zweite Legende – Brackenblut

Im 10. Jahrhundert züchteten Benediktinermönche aus den Ardennen (im Westen des Deutschen Kaiserreichs) spezielle Leithunde, die St.-Hubertus-Bracken. Diese wurden später zur Zucht von Schweiß- und Vorstehhunden herangezogen, weshalb sie auch zu den Vorfahren des Weimaraners zählen sollen.

„Der ursprüngliche deutsche Vorstehhund war aller Wahrscheinlichkeit nach in der Mehrzahl dem alten schwarz-weiß-roten Schweißhund entsprechend gefärbt. Irgendwann fing man an, die schwere Dogge einzukreuzen, es entstanden andere Farben. Später wurde südeuropäisches Jagdhundeblut zugeführt, und zwar nicht nur das der europäischen Bracke, sondern auch das der sogenannten bengalischen Bracke, die als Vorläufer des heutigen Dalmatiners bezeichnet wird" (Quelle: Strebel). In Heinrich Zimmermanns „Lexikon der Hundefreunde" von 1934 wird der Weimaraner als ältester deutscher Vorstehhund aufgeführt, der dem alten Leithund, also der Bracke, noch am nächsten steht.

Die dritte Legende – Großherzog Carl August von Sachsen-Weimar

Im späten 18. Jahrhundert finden sich erste dokumentierte Hinweise auf den Weimaraner als eigenständige Rasse. Die grauen Hühnerhunde waren von Böhmen nach Weimar gekommen (Quelle: Ilgner), als Großherzog Carl August von Sachsen-Weimar (1757 – 1828) sie bei Fürst Esterhazy und Fürst Auersperg während einer seiner Badereisen kennen- und lieben gelernt hatte. Dem Großherzog gefielen die Stärke, der Mut und die Ausdauer dieser Hunde. Das war es, was er wollte und für die Jagd brauchte. Er kaufte einige Exemplare und nahm diese mit nach Weimar.

Eine zweite Variante dieser Geschichte erzählt, dass Carl August die Vorstehhunde kennenlernte, als er zusammen mit Goethe 1792 während einer Jagd in Frankreich war. Dort soll er weimaranerfarbene Hunde erworben und mitgenommen haben. Zur Verbesserung der Vorsteheigenschaften soll dann englisches Blut eingekreuzt worden sein.

In der „Deutschen Jäger-Zeitung“ wiederum liest man unter „Kynologisches zum Thüringer Vorstehhund“ noch eine andere Variante dieser Geschichte (Quelle: Lankavel). Danach habe Carl August aus England eine weiß-gelbe Pointerhündin kommen lassen, die von einem einfarbigen braunen deutschen Vorstehhund belegt wurde. Daraus seien einfarbige, mehr oder weniger silbergraue Hunde entstanden, die – wiederum verpaart mit Hunden grauen Typs – ihre spezielle Färbung weitervererbt haben. Ihre Farben sollen Silbergrau, Hellmausgrau, Mausgrau, Graugelb gewesen sein. Züchter, die ihr Hauptaugenmerk auf diese Färbung gelegt hatten, duldeten in der Folge nur diese Farben und beseitigten aus jedem Wurf alle auch nur etwas Andersfarbigen.

„Der vorstehende Hund", zugeordnet der Schule J. B. Oudry ca. 1750, im Besitz von Dr. Krieger-Huber.

Die Suche nach dem Ursprung des Weimaraners

Die „Neue deutsche Jagdzeitung" und der „St. Hubertus" beschäftigten sich schon vor 1900 damit, den Ursprung des Weimaraners zu ermitteln (Quelle: Ilgner). Ein Thüringer beschreibt dort die Weimaraner, die er bei Carl August bei der Arbeit erlebt hatte, als durchweg sehr kräftig gebaute, kurz- und glatthaarige Hühnerhunde mit weißer Grundfarbe und großen semmelblonden Platten (= Flecken). Diese Hunde hätten einen unermüdlichen Eifer und eine für damalige Zeit geradezu erstaunliche Vielseitigkeit bei der hohen und niederen Jagd zur Suche, zum Fährten- und Schweißspurhalten, zum Nachziehen und ebenso beim Apportieren gezeigt. Eine lang erhalten gebliebene Bezeichnung für den Weimaraner war „Carl-August-Hunde" bzw. „Hunde Weimarer Race".

„Race"

Der Begriff „Race" wird in den alten Jagdklassikern nicht im heutigen Sinn von Rasse gebraucht, sondern viel vager. Der Begriff bedeutete mitunter Stamm oder Familie.

Die vierte Legende – Gemälde mit Weimaraner

Verschiedene Gemälde sollen nach Richard Strebel belegen, dass es schon im 17. Jahrhundert graue Vorfahren gegeben habe, die sehr an den um 1900 bekannt gewordenen Weimaraner erinnern. Danach müsste die Entstehung des Weimaraners deutlich früher datiert werden. Die Vermutung, dass der Weimaraner aus der Paarung eines Pointers mit einem braunen deutschen Vorstehhund entstanden sei (Quelle: Langkavel), scheint vor diesem Hintergrund etwas gewagt. Zwei der bekanntesten und in diesem Zusammenhang oft genannten Gemälde zeigen Hunde, die eine weiße bis silbergraue Färbung und eine unkupierte Rute haben. Dabei handelt es sich um das Gemälde „Der vorstehende Hund", das der Schule von J. B. Oudry ca. 1750 (Quelle: Krieger-Huber) zugeordnet wird und das Porträt von van Dyck mit Hund, gemalt 1634–1635, das Carlos Emanuele d'Este, Marchese di Borgomanero, mit einem Hund zeigt.

Stimmen die Geschichten?

Über die Herkunft der Grauen wurde und wird in der kynologischen Literatur viel spekuliert. Was nun an diesen Geschichten tatsächlich stimmt, bleibt offen und ihre Herkunft wird vielleicht nie lückenlos geklärt werden. Am bekanntesten, sicher auch bedingt durch den Namen Weimaraner, ist die Geschichte ihrer Herkunft in der Gegend um Weimar in der Mitte des 19. Jahrhunderts.

Jedenfalls hat man den Weimaraner schon früh für seine edle Erscheinung, seine große Intelligenz und seine vielseitige Gebrauchsfähigkeit bei der Jagd gelobt – für die Eigenschaften also, die wir alle auch heute noch am Weimaraner so sehr schätzen.

EINMAL WEIMARANER – IMMER WEIMARANER.
UNS STETS EIN TREUER, EXZELLENTER WEGBEGLEITER, FREUND, FAMILIENHUND UND PASSIONIERTER JÄGER.

Constance und Jens Schwarz, Jäger, Weimaraner-Zwinger „von Constancia“, Züchter von Emma.

Der Weimaraner wird zur Rasse

Die Anerkennung der Weimaraner als Rasse ist ein kompliziertes und etwas verwirrendes Geschehen. Das hat damit zu tun, dass man überhaupt erst Ende des 19. Jahrhunderts begann, Standards für eine Reihe von Jagd- und Luxushunden festzulegen. Zu diesem Zweck wurde 1880 die „Delegierten Commission" (DC) gegründet. Erste Rassekennzeichen wurden festgelegt, die im Stammbuch „Kurzhaar" und im ersten deutschen Hundestammbuch D.H.St.B. veröffentlicht wurden.

Erste Schritte zur Anerkennung

In dieser Zeit wollten auch die Liebhaber der Weimaraner die Anerkennung der Weimaraner als eigenständige Rasse erreichen. Dem entgegen stand jedoch die damalige Überzeugung, dass der Weimaraner nur ein „Blendling" sei, eine farblich abweichende Spielart des Deutsch Kurzhaar in grauem Gewand. So ließ der „Klub Kurzhaar" den „Grauen" wohlwollend zu seinen Suchen (Prüfungen) zu und trug ihn auch in sein Stammbuch ein, die Anerkennung als eigenständige Rasse konnte jedoch zu diesem Zeitpunkt noch nicht erreicht werden.

Die Anerkennung als eigene Rasse

Im Mai 1895 war es dann doch so weit: Der Weimaraner wurde in Dresden bei einer Sitzung der Delegierten Commission als eigene Rasse anerkannt. Mit dem Ziel einer Eintragungsberechtigung ins D.H.St.B. beschloss Major Heinrich von Bünau, an die 1897 in Bernburg abgehaltene Schau von deutschen Vorstehhunden eine zusätzliche Schau für Weimaraner anzugliedern. Er beschrieb zum ersten Mal detailliert die spezifischen Rassekennzeichen des Weimaraners. Mit der Definition dieser spezifischen Rassekennzeichen wurde die Voraussetzung für die Anerkennung des Weimaraners als eigene Rasse geschaffen. So konnte bei der Delegierten Commission die Anerkennung als konstante (im Aussehen gleichbleibende) Rasse beantragt werden. Demgemäß zeigt der Weimaraner einen eigenständigen Typus vor, der sich in Aussehen, Farbe und den weiteren Eigenschaften deutlich von den übrigen deutschen kurzhaarigen Hunden unterscheidet.

Die festgelegte Norm orientierte sich an den Hunden des Rittmeisters Pitzschke aus Sandersleben (siehe Bild rechts), da sie den Vorstellungen zu diesem neuen Rassetypus am besten entsprachen. Gleich im Anschluss an die Anerkennung wurden alle Liebhaber dieser Rasse zur Gründung eines eigenen Klubs aufgerufen.

Weimaraner von Oberamtsmann F. Pitzschke und O. Andreae, Sandersleben, Illustration R. Strebel 1895.

Erste Vereinsgründungen

Der erste Verein mit der Bezeichnung „Verein zur Reinzucht des silbergrauen Weimaraner Vorstehhundes“ wurde 1897 anlässlich der großen internationalen Hundeausstellung in Erfurt gegründet. Es fanden sich etwa 20 Weimaraner-Freunde als Gründungsmitglieder ein. 1898 erfolgte eine Namensänderung in „Verein zur Züchtung des Weimaraner Vorstehhundes“. In den darauffolgenden Jahren wurden zwar auf Hundeausstellungen, Schauen und in Revieren einige Suchen (Prüfungen) abgehalten, jedoch ließ die Begeisterung für die Vereinsarbeit bei Vorstands- und Vereinsmitgliedern bald nach. Der Vorstand wechselte mehrmals, und die Aktivitäten des Vereins waren nicht sonderlich groß. Um die neue Rasse bekannt zu machen und weitere Weimaraner-Liebhaber zu finden, wäre es notwendig gewesen, Weimaraner verstärkt auf Schauen und Ausstellungen zu zeigen. Diese „Schlummerperiode“ des Vereins führte im Lauf der Jahre jedoch zu einem rückläufigen allgemeinen Interesse am Weimaraner. Trotz großer Anstrengungen Einzelner waren die Vereinsaktivitäten von wenig Erfolg gekrönt. Dies änderte sich erst mit dem Zusammenschluss der Thüringer Züchter mit den Züchtern in Ostfriesland, die zur Gründung eines gemeinsamen Klubs unter dem Namen „Weimaraner Klub, Verein zur Züchtung des Weimaraner Vorstehhundes“ führte. Daraus entwickelte sich schließlich eine Organisation, deren Vorstände über ganz Deutschland verteilt waren, womit für die Rasse besser geworben werden konnte.

Hundestammbücher

Heute ist es selbstverständlich, dass zu einer Zucht eine Zuchtbuchführung und die Erstellung von Ahnentafeln gehören. Das war aber nicht immer so. Gegen Ende des

Weimaraner alter Schläge: „Flott“ von Gutsbesitzer D. Cutois.

Weimaraner aus „Der Gebrauchshund“ (Hegendorf 1942).

„Minne und Mumm aus der Wulfsriede“, Zwingername von Major Herber.

19. Jahrhunderts gab es lediglich das „Deutsche Hunde-Stammbuch“ und das Hunde-Stammbuch „Kurzhaar“. Die Weimaraner wurden damals als kurzhaarige Vorstehhunde neben anderen kurzhaarigen Hunden in das Hundestammbuch „Kurzhaar“ eingetragen. Zusätzlich wurden sie meistens mit dem Zusatz „Weimaraner“ hinter dem Namen gekennzeichnet. Im „Deutschen Hunde-Stammbuch“ (D.H.St.B.) ist der erste Jahrgang der Rasse Weimaraner in Band 18 von 1897 zu finden (Quelle: Meier). Zu dieser Zeit kam es immer wieder vor, dass ein Weimaraner in beide Stammbücher eingetragen wurde. Auch wurden die Hunde unter ihrem Rufnamen und nicht unter einem Zwingernamen eingetragen. Mancher Züchter trug sogar nicht nur die von ihm selbst gezüchteten Hunde ein, sondern auch Hunde, die er von anderen Züchtern erworben hatte.

Stammbucheintragungen

Da die Eintragungsmodalitäten in die Stammbücher nicht klar geregelt waren, kam es beispielsweise zu dem Phänomen, dass in einzelnen „Kurzhaar“-Hunde-Stammbuch-Jahrgängen so gut wie keine Weimaraner eingetragen waren, während in anderen Jahrgängen bis zu 120 Eintragungen zu finden sind. Für die Zeit von 1907 bis 1913 sind erstaunlicherweise gar keine Eintragungen zum Weimaraner vorhanden, sodass man zu dem Schluss kommen könnte, die Rasse habe gar nicht mehr existiert. In den Folgejahren 1914 bis 1922 finden sich wieder Eintragungen, die von null bis mehr als 42 Hunde variieren, wobei auch immer wieder alte Geburtsjahrgänge, wie beispielsweise von 1893, zu finden sind. Die Zuchtbasis war äußerst eng gesetzt, und fast scheint es, als ob man versucht habe, durch die nachträgliche Eintragung nicht mehr lebender Hunde die Zuchtbasis auf dem Papier künstlich zu verbreitern.

Nach dem Ersten Weltkrieg wurde es dann ruhig um den Weimaraner. Verschiedenen Quellen zufolge wurden die Kurzhaar-Weimaraner noch bis 1922 in das Hunde-Stammbuch „Kurzhaar“ eingetragen. Ein Durcheinander, aus dem man sich kein klares Bild über das tatsächliche Vorkommen der Weimaraner machen kann.

Ahnentafeln

Ein weiterer Grund für die unklare Datenlage bezüglich des Weimaraner-Bestandes ergab sich außerdem aus der Tatsache, dass Hundehalter zu dieser Zeit ihre Ahnentafeln noch selbst erstellen konnten. Vorlagen, geschmückt mit Motiven, konnte man damals bei Verlagen und Buchhandlungen kaufen. Die meist handschriftlich ausgefüllte Ahnentafel war jedoch nicht immer frei von Fehlern, die dann durch Ausstreichen und Überschreiben ausgebessert wurden. Eine Eintragung funktionierte folgendermaßen: Nachdem ein Hund der Rasse des Weimaraners zugehörig anerkannt und mindestens zwölf Monate alt war, konnte dieser auf Antrag vom Halter mit der selbst ausgefüllten Ahnentafel in ein Zuchtbuch eingetragen werden.

Wurfmeldungen und auch die Angabe eines Zwingernamens im heutigen Sinn kannte man damals noch nicht. Zumeist wurden nur Einzeleintragungen durch Hundehalter beantragt. Erst später wurde dazu übergegangen, dass vor der Eintragung eines oder mehrerer Hunde der Züchter die von ihm ordnungsgemäß ausgefüllten Ahnentafeln zur Beglaubigung an den Weimaraner Klub schicken musste. Schließlich wurde die Katalogisierung und Organisation an einen im Verein gewählten Zuchtbuchführer übergeben. Bahnbrechend war der SV (Verein für Deutsche Schäferhunde), der als erster Verein die Wurfmeldung in Verbindung mit dem Zwingernamen einführte, was von allen anderen Vereinen später übernommen wurde.

Major Herber mit einem seiner Weimaraner.

Die Verdienste des Majors Herber

Im Jahr 1921 wurde Major Robert Herber (1867 – 1946) mit der Führung des Weimaraner-Vereins betraut. Zu diesem Zeitpunkt gab es im Verein nur noch 21 eingetragene Mitglieder und laut einer 1922 in „Zwinger und Feld" veröffentlichten Statistik wurden in diesem Jahr nur 16 Weimaraner bei Ausstellungen vorgeführt. Deshalb ermittelte Herber als erstes, wie groß die Zahl der Weimaraner wirklich war und welche Leistung sie zeigten. Der Name Herber ist aus der Geschichte der Weimaraner-Zucht nicht mehr wegzudenken. Er war es, der den Fort-

Hetty Herber mit zwei erwachsenen Hunden und Welpen aus dem Weimaraner-Zwinger „aus der Wulfsriede".

bestand der Rasse nach dem Ersten Weltkrieg sicherte und die zielgerichtete Zucht vorantrieb. Er setzte sich vehement für die Reinzucht des kurzhaarigen Weimaraners aus den nach dem Ersten Weltkrieg verbliebenen wenigen Exemplaren ein. Von ihm stammt die Aussage: „Der Weimaraner ist der Aristokrat unter den Jagdhunden." Er wollte, dass der Weimaraner kein „Jedermannshund" und auch kein „Salonhund" wird, sondern das bleibt, was er ist: „Ein zu jeder Jagdart verwendbarer Gebrauchshund." Er hatte das Ziel, dass der Weimaraner nur in Jägerhände abgegeben wird und sein Verkaufspreis in angemessener Höhe bleibt. Bis heute steht auf jeder Ahnentafel einer seiner Leitsprüche: „Nicht die Rasse, sondern die Zuchtauswahl aus ihr ist die Bürgschaft für höchste Form und beste Leistung."

Der Neuanfang nach dem Zweiten Weltkrieg

Der Zweite Weltkrieg war nicht nur für die Menschen eine schwere Zeit, er hatte auch Auswirkungen auf den Bestand der Weimaraner. Nur unter großen persönlichen Opfern konnten Züchter und Züchterinnen einzelne Hunde retten. Vielfach musste mit der Zucht wieder ganz von vorn begonnen werden. Im Zweiten Weltkrieg hatte sich die Zahl der Würfe so stark verringert, dass die Rasse Gefahr lief, wieder eine Unterart des „Kurzhaars" zu werden.

Im Oktober 1951 kam es auf der ersten Generalversammlung in Nienburg/Weser zur erneuten Gründung eines „Weimaraner Klubs" mit neuem Vorstand. In diesem neuen Klub wurden alle Belange rund um die Zucht des Weimaraners sowie die Struktur des Vereins geregelt: Satzung, Landesgruppen, Mitgliedererfassung und Beitragszahlungen. In dieser Zeit kam es dann auch zum ersten wirklichen Aufschwung in der Weimaraner-Zucht.

1951 wurde auch die erste „Major-Herber-Gedächtnis-Prüfung" zum Gedenken an dessen Verdienste abgehalten. Bei dieser damals sogenannten Herbstprüfung wurden 16 Fächer geprüft, die Richtlinien dafür stellte der Weimaraner Klub noch selbst auf. Erst später wurde eine allgemeingültige Prüfungsordnung für Herbstzuchtprüfungen (HZP) vom Jagdgebrauchshundeverband festgelegt. In Gedenken an Major Herber wird auch heute noch einmal jährlich eine vom Verein nach der heute gültigen Prüfungsordnung ausgerichtete HZP abgehalten.

ICH HABE VIEL GEJAGT!
OHNE WEIMARANER HÄTTE
DIESE ZEIT WENIG WERT!

Wilfried Möllenberg, Jäger, Züchter und Welpenvermittlungsstelle des Weimaraner Klub e. V.

Mit Ausarbeitung der Rassekennzeichen 1935 wurde auch die Langhaar-Varietät anerkannt.

Rassekennzeichen des Langhaar-Weimaraner-Vorstehhundes, 1935
„Langhaarige Weimaraner kommen, wenn auch nur selten, vor. Sie sind, wenn ihre Abstammung bis zur vierten Generation einwandfrei feststeht, eintragungsberechtigt. Eine Zucht solcher langhaarigen Weimaraner ist anzustreben. Die Rute dieser Hunde ist nicht zu stutzen."

Ziel des Weimaraner Klubs

Definition strengerer Zuchtbestimmungen

Von 1951 an musste für jeden Hund, mit dem man züchten wollte, ein „Zuchtwertnachweis" vorgelegt werden. Der „Zuchtwertnachweis" gibt Auskunft über die Veranlagung und Leistung eines Hundes sowie eine Beurteilung desselben durch den Zuchtwart oder den Landesgruppenobmann. Ab 1952 war eine bestandene Herbstprüfung, später HZP, die Mindestvoraussetzung für die Zulassung eines Hundes zur Zucht.

Weitere Verbesserungen

Nun folgten stabile Jahre in der Klubführung. Die Aktivität war auf die Verbesserung der Zucht- und Prüfungsarbeit ausgerichtet. Die Organisation der Klub- und Zuchtarbeit wurde stetig verbessert.

Rassekennzeichen

1896 waren die Rassekennzeichen des silbergrauen Vorstehhundes in neun Punkten festgelegt worden, die sein damalig erwünschtes Aussehen beschrieben.

Zu diesen neun Punkten gehört die allgemeine Beschreibung des Hundes, die Beschreibung von Kopf, Behang (Ohren), Nase, Rute, Läufen, Behaarung, Farbe und Abzeichen. Der Weimaraner war in den Anfängen des Weimaraner Klubs nur als Kurzhaar anerkannt. Zwangsläufig wurden die langhaarigen Silbergrauen, die in einzelnen Würfen immer wieder vorkamen, als langhaarige Vorstehhunde in das Zuchtbuch „Langhaar" eingetragen, so wie am Anfang die kurzhaarigen Weimaraner in das Zuchtbuch „Kurzhaar" eingetragen worden waren.

Ab 1935 wurden die Rassekennzeichen in den Einzelheiten ausführlicher formuliert und die Varietät Langhaar-Weimaraner mit aufgenommen (siehe Kasten oben). Nach einer weiteren Fassung 1965 wurde 1990 nochmals eine Neufassung des Rassestandards der Weimaraner bei der F.C.I. eingetragen. Diese hat bis heute Gültigkeit.

Problem Haarvarietät

Mitte der 1960er-Jahre stellte sich die Frage nach Anerkennung einer rauhaarigen Varietät des Weimaraners. Diese Anfrage wurde jedoch mit dem Vorstandsbeschluss vom September 1974 abgelehnt. Die Begründung war, dass im Falle der Rauhaar-Varietät der Grundsatz des Vereins „Nichteinkreuzung fremder Rassen" nicht eingehalten worden war (siehe Seite 32).

Die Entwicklung in den Siebziger- und Achtzigerjahren

Ab 1975 folgten neue Richtlinien in der Satzung. So wurde die HD-Untersuchungspflicht eingeführt (HD = Hüftdysplasie = Fehlentwicklung des Hüftgelenks). Es gab Zuchtschauen und Deckrüdenlisten, Merkblätter für Züchter und viele weitere Neuerungen. 1995 gelang es dem Verein, als gemeinnützig anerkannt zu werden.

Der rauhaarige „Graue“

Aus der Kreuzung einer Weimaraner-Hündin mit einem aschgrauen Rüden, der aus einem Wurf Böhmischer Raubart (rauhaariger Vorstehhund aus der Region Böhmen) entstammte, entstand 1944 ein graufarbener, rauhaariger Wurf. Durch weitere gezielte Paarung zwischen den Rassen Weimaraner, Böhmischer Raubart und Deutsch Drahthaar konnte bis 1960 eine eigene Zucht aufgebaut werden.

Der „Slowakische Weimaraner Raubart“

Abkömmlinge dieser Rassen, die sowohl rauhaarig als auch einfarbig grau waren, wurden von 1950 an vom slowakischen Jagdverband als „Slowakischer Weimaraner Raubart“ in das dortige Zuchtbuch eingetragen.

Dies führte zu Konflikten, da der offizielle F.C.I.-Standard des Weimaraners die rauhaarige Form nicht anerkannte, während in der slowakischen Übersetzung des F.C.I.-Standards Hunde in der rauhaarigen Form aufgeführt wurden.

1974 teilte der Deutsche Weimaraner Klub auf Anfrage den slowakischen Züchtern mit, dass der Klub diese Weimaraner aufgrund der Einkreuzung fremder Rassen nicht als Weimaraner in rauhaariger Form anerkennt.

Der „Slowakische Raubart", anfänglich als „Slowakischer Weimaraner Raubart" benannt, ist heute eine anerkannte eigene Rasse.

Eine eigene Rasse entsteht

Die rauhaarigen, robusten Hunde waren bei den Jägern jedoch sehr beliebt, weshalb sich die slowakischen Züchter dazu entschlossen, den rauhaarigen Grauen von den Weimaranern abzukoppeln und als eigene Rasse zu etablieren. Sie bewarben sich bei der F.C.I. um die Anerkennung als selbstständige slowakische Rasse. Die Mühe der Züchter für diese Rasse wurde gekrönt, als 1983 nach dem zweiten Anlauf in Madrid bei der Generalversammlung der F.C.I. der Slowakische Raubart als eigenständige Rasse mit dem Standard Nr. 320 (1.3 Typ Griffon) anerkannt wurde.

Der Wesenstest – heiß diskutiert

In der Geschichte der Weimaraner spielt der Wesenstest zur Feststellung seines Wesens eine besondere Rolle. So hat der Weimaraner Klub schon früh einen Test zur Bestimmung der Wesensfestigkeit eingeführt. Die erste Form dieses über viele Jahre vorgenommenen Wesenstests (siehe „Schützende Försterhunde“, Seite 62) hieß „Test zur Feststellung des Schutztriebes“. Unter Schutztrieb versteht man die Verteidigungsbereitschaft des Hundes in einer vermeintlichen Gefahrensituation.

Der generelle Sinn sowie die Form der Durchführung dieses Tests war umstritten. So wurde 1995 zunächst der Begriff in „Wesenstest“ abgeändert, der Test jedoch unverändert durchgeführt. Mehrere Mitglieder, darunter auch wir, wollten den Test ganz abschaffen, um die Kriterien für die Zuchtauswahl weg vom Schutztrieb hin zur jagdlichen Brauchbarkeit zu lenken und dadurch das Image des Weimaraners anzuheben. Galt der Weimaraner doch in Jägerkreisen als extrem mannscharf und damit als nur bedingt sozial verträglich. Der Test wurde weiter überarbeitet und im März 2001 bei der Mitgliederversammlung in Fulda neu vorgestellt. Von da an stand nicht mehr die Verteidigungsbereitschaft des Hundes, sondern seine Unbefangenheit im Umgang mit Menschen und Artgenossen sowie seine vorzügliche jagdliche Passion im Vordergrund. Auf dieser Versammlung hätte die Möglichkeit bestanden, auf den in der Zuchtordnung des Vereins vorgesehenen modifizierten Wesenstest ganz zu verzichten. Jedoch sprach sich die Mehrheit für den überarbeiteten Wesenstest als notwendige Zuchtvoraussetzung aus. Zeitgleich wurde beschlossen, den Passus „... auch mannscharf ...“ aus dem F.C.I.-Standard Punkt 3 Absatz 2 zu streichen. 2004 wurde dann auch bei Inseraten, die für die Rasse und den Verkauf des Weimaraners warben, die Eigenschaft „Mannschärfe“ weggelassen,

„Mira von der Schelmlach", eine leistungsstarke und zuverlässige Hündin im Jagdgebrauch und ein toller Familienhund.

was natürlich am rassetypischen Wesen des Weimaraners nichts verändert hat. Viele Weimaraner zeichnen sich immer noch durch Schärfe und Härte aus, und das leider nicht nur am Wild, sondern auch gegenüber Artgenossen und Menschen. Immer häufiger sogar innerhalb der eigenen Familie, was diese Rasse sicherlich zu keinem Hund für jedermann macht.

Zuchtzulassung

1997 wurden verschiedene Maßnahmen bei der Genehmigung der zu verpaarenden Zuchthunde beschlossen. Um eine Leistungsverbesserung zu erreichen, wurde für die Zuchtzulassung neu eingetragener junger Rüden eine bei Prüfungen zu erreichende Mindestpunktezahl bei Wasserarbeit und Suche (Prüfungsfach) festgelegt.

Um die Zuchtbasis nicht zu verengen, dürfen Zuchtrüden grundsätzlich nicht mehr als fünfmal innerhalb von zwei Jahren erfolgreich decken, Zuchthündinnen dürfen insgesamt nur fünf Würfe haben und maximal jede zweite Hitze (Läufigkeit) belegt werden. Eltern und Großeltern oder ihre Geschwister dürfen nur zweimal bei den Urgroßeltern der zur Paarung vorgesehenen Hunde in der Ahnentafel aufgelistet sein. Schon Ende 2002 wurde immer häufiger darüber diskutiert, wie die Zuchtstrategien verbessert und den Erkenntnissen neuerer Forschung angepasst werden können. Bei einer DNA-Bank werden seither genetische Daten der Zuchthunde gesammelt.

Zuchtordnung

Die heute gültige Zuchtordnung enthält 13 Paragrafen. Darin ist vieles genau festgelegt, wie zum Beispiel Zuchtrecht, -beratung, -überwachung, -voraussetzung und Zwingernamenschutz. Die Auswahl der Zuchthunde und der Deckakt sind ebenso wie die Zuchtkontrolle und die Wurfabnahme geregelt. Hauptzuchtwart, Landesgruppenzuchtwarte sowie Zucht- und Formwertrichter werden speziell aus- und weitergebildet. Vorschriften für Zuchtordnung, Zuchtbuch, Ahnentafeln, Gebühren und Verstöße sind genau definiert und im Lauf der langen Vereinsgeschichte immer ausführlicher geworden. In Zweifelsfällen schließt sich heute die Zuchtordnung an die Bestimmungen des internationalen Zuchtreglements der F.C.I. sowie der Zuchtordnung des VDH in der jeweils geltenden Fassung sinngemäß an.

Heutige Zielsetzung

Vorrangiges Ziel des Weimaraner Klubs war immer und ist es heute noch, den leistungsstarken, zuverlässigen und gesunden Vorstehhund für alle im Jagdbetrieb anfallenden Arbeiten zu züchten. Wie schon früh von Major Herber gewünscht, hat auch der Weimaraner Klub noch heute das Bestreben, diese Rasse nur in Jägerhände abzugeben. Das macht auch Sinn, denn vor allem, wenn der Weimaraner nur als Familienhund und nicht jagdlich geführt wird, müssen die Halter Wege finden, ihn seinem Wesen entsprechend zu halten, und das ist eine echte Aufgabe.

Weimaraner-Zucht in den USA

Howard Knight wird als Begründer der Weimaraner-Zucht in den USA genannt. 1928 beantragte er die Mitgliedschaft im Deutschen Weimaraner Klub und holte im selben Jahr das erste Zuchtpaar nach Amerika. Da diese Hunde dort jedoch sterilisiert ankamen, konnte er erst in einem zweiten Anlauf 1938 eine Zucht beginnen. Im deutschen Zuchtbuch wurde 1939 ein Wurf Knights unter dem Zwingernamen „Silver Knight Kennel“ eingetragen. 1942 wurde der Weimaraner Club of America (WCA) gegründet, ein Rassestandard geschaffen und für die amerikanische Anerkennung geworben. Gegen Ende 1942 erfolgte die Anerkennung durch den American Kennel Club (AKC). Heute erfreut sich der Weimaraner in den USA großer Beliebtheit.

Ein Jagdhund mit Passion

Der Weimaraner ist ein selbstbewusster und intelligenter Hund, der beschäftigt werden will, und das nicht wenig. Er liebt es, interessante und möglichst schwierige Aufgaben zu lösen, und das am liebsten, wenn diese in Zusammenhang mit der Jagd stehen. Die Entscheidung für einen Weimaraner sollte daher seiner Jagdpassion Rechnung tragen, denn in Jägerhänden hat er die besten Aussichten, seine Natur artgerecht ausleben zu können.

Jagdausbildung für Nicht-Jäger?

Leider begehen heutzutage immer mehr Hundehalter den Fehler, mit ihrem Jagdhund eine Jagdausbildung zu machen, ohne dass sie selbst einen Jagdschein oder wirkliches Interesse an der Jagdausübung haben. Das halten wir als erfahrene Weimaraner-Halter für grundlegend falsch! Warum? Weil sie den Hund dadurch zuerst einmal für die Jagd begeistern, er aber dann seine Passion gar nicht leben darf. Erst wird er zum Jagen ausgebildet und dann wird ihm das Jagen verboten! Das macht weder Sinn noch einen Weimaraner glücklich.

Die Ausbildung des Weimaraners für den jagdlichen Gebrauch ist nur dann zu empfehlen, wenn er auch häufig genug entsprechend eingesetzt wird. Das heißt, es muss ein Jagdrevier vorhanden sein oder zumindest die Möglichkeit bestehen, den passionierten Jagdhelfer tatsächlich regelmäßig bei der Jagd einzusetzen.

Fazit: Prinzipiell sollte mit Wild und Wildgerüchen nur mit solchen Hunden gearbeitet werden, die später regelmäßig zur Jagd eingesetzt werden. Überdenken Sie das und wecken Sie nicht schlafende (Weimaraner) Hunde!

Es gibt viele Möglichkeiten, einen Vorstehhund auszulasten, die später noch ausführlicher dargelegt werden. Doch zunächst zur jagdlichen Ausbildung. Wenn Sie sich entschieden haben, dass Sie als Jagdscheininhaber mit Ihrem Hund jagen wollen, dann macht es Sinn, sich damit genauer zu beschäftigen.

Auf Gelände, auf dem kein Schuss abgegeben werden darf (z. B. auf dem Flughafen), nutzt man Frettchen, Hund und Greifvogel zur Hasen- und Kaninchenjagd.

Die jagdliche Ausbildung

Die jagdliche Ausbildung des Grauen und die Prüfungsanforderungen, die ein jagdlich geführter Hund erfüllen muss, sind sehr umfangreich.

Diverse Arbeiten am Wild

Die Jagdethik gebietet jedem Jäger, waidgerecht zu jagen. Um unnötiges Leiden eines verletzten Tieres zu vermeiden, muss immer ein gut ausgebildeter Jagdhund greifbar sein, der ein verletztes Tier schnell, effektiv und möglichst schmerzarm töten kann. In Bezug auf eine Jagdhundeausbildung bedeutet das: Achten Sie die Kreaturen in Feld und Wald und bedenken Sie, dass für die Vorbereitung des Weimaraners auf eine Jagdhundeprüfung echtes Wild benötigt wird, das zu diesem Zweck sein Leben lässt. Zum einen wird dafür kaltes Wild (= Wild, das schon über einen längeren Zeitraum tot ist, eingefroren und kurz vor der Arbeit aufgetaut) verwendet und zum anderen warmes Wild (= Wild, das unmittelbar zuvor erlegt wurde und noch „warm" ist). Auch Schleppenwild (= kaltes Wild, mit dem eine Geruchsspur gelegt wird) kommt nicht aus der Spielzeugfabrik oder dem Chemielabor. Es ist immer ein Tier, das dafür erlegt werden muss! Jeder Hundehalter, der als Nichtjäger seinen Hund für eine jagdliche Prüfung vorbereiten will, sollte sich darüber im Klaren sein.

Wenn Sie sich also entschließen, wegen Ihres Weimaraners den Jagdschein zu machen, ist das grundsätzlich ein guter Gedanke, denn das Aufgabengebiet und die

Themen, die in dieser Ausbildung vermittelt werden, sind äußerst interessant und vielfältig. Schon mancher Hundehalter hat im Zuge dessen seine Einstellung zur Jägerei überdacht und geändert. Haben Sie dann nach bestandener Jagdprüfung auch noch die Möglichkeit, Ihren Weimaraner jagdlich regelmäßig einzusetzen, kann Ihr Weimaraner das leben, wofür er zuchtgemäß geboren wurde. Er wird es Ihnen danken!

Der Vollgebrauchsjagdhund und seine Prüfungen

Der Weimaraner wird für den vielseitigen Jagdbetrieb als Vollgebrauchsjagdhund vor und nach dem Schuss in Feld, Wald und Wasser eingesetzt.

Jagdhundeprüfungen

Jedem Revierpächter müssen nach dem jeweiligen Landesjagdgesetz brauchbare Jagdhunde zur Verfügung stehen. Um die Brauchbarkeit eines Jagdhundes zu belegen, stehen mehrere Prüfungswege zur Verfügung.

Brauchbarkeitsprüfung

Für Weimaraner-Besitzer, die nicht züchten wollen, genügt das Bestehen der Brauchbarkeitsprüfung (BP), um die jagdliche Brauchbarkeit eines Hundes nachzuweisen. Eine weitere Prüfung muss dann nicht mehr abgelegt werden.

Zuchtvoraussetzungen

Will man mit dem Weimaraner als anerkannter Züchter züchten, muss man mindestens zwei Zuchtprüfungen ablegen, die Verbandsjugendprüfung (VJP) und die Herbstzuchtprüfung (HZP). Die VJP ist eine Anlagenprüfung. Hier wird beurteilt, ob und welche jagdlichen Fähigkeiten in dem Hund stecken. So beobachtet man beispielsweise, ob der Hund Interesse an einer Wildspur zeigt, ob und wie intensiv er dabei seine Nase einsetzt, ob er ausdauernd eine größere Fläche nach Wild absucht, ob er Wild vorsteht und anzeigt oder es gleich hetzt. Auch wird seine Führigkeit beim jagdlichen Einsatz (nicht zu verwechseln mit Gehorsam) und die Schussfestigkeit geprüft. Außerdem wird die Art des Jagens beurteilt. Diese wird unterschieden in: Spurlaut (ein Hund, der bellt, wenn er der Geruchsspur des Wildes folgt, ohne dieses zu sehen), Sichtlaut (ein Hund, der bellt, wenn er das Wild sieht und es verfolgt)

Als Vollgebrauchshund im Jagdbetrieb erledigt der Weimaraner alle Aufgaben mit Passion.

oder stummes Jagen in Unterscheidung zum sogenannten Waidlaut (ein Hund, der bellt, obwohl er die Spur verloren hat oder keiner Spur und keinem Wild folgt). Die Art des Bellens bei der Jagd kann eindeutig von „normalem" Bellen unterschieden werden. Ebenso wird auf der VJP festgehalten, ob der Jagdhund gewisse körperliche Mängel aufweist. Bei der HZP wird zusätzlich die Arbeitsfreude des Hundes, die Arbeit am und im Wasser, das Verlorenbringen (zuvor ausgelegtes Wild muss gesucht und gebracht werden) und der allgemeine Gehorsam während des ganzen Prüfungstages beurteilt.

Weitere Prüfungen

Als nächsten Schritt kann der Weimaraner dann auf der Verbandsgebrauchsprüfung (VGP) mit ca. 30 Prüfungsfächern geführt werden, um dort seine Meisterprüfung abzulegen. Engagierte Hundeführer können zusätzlich noch spezielle Leistungsprüfungen machen, bei denen die Hunde in speziellen Fächern geprüft werden, wie zum Beispiel Armbruster-Haltabzeichen (= Leistungsabzeichen für ausgezeichneten Gehorsam des Hundes am Hasen), Verlorenbringernachweis, Härtenachweis, Bringtreueprüfung oder Verbandsschweißprüfung.

Jagdpassion ernst nehmen

Ein Weimaraner kann als Vollgebrauchshund alle im Jagdbetrieb anfallenden Arbeiten auf höchstem Niveau erfüllen. Überdenken Sie daher vor der Anschaffung dieses anspruchsvollen Hundes, was Sie ihm in Ihrem Alltag tatsächlich bieten können! Ein oder zwei Spaziergänge am Tag, ein bisschen Bällchenwerfen und kleine Futtersuchspiele, die allerorten von selbst ernannten „Hundespezialisten", die über keine eigene Jagdhundführungsqualifikation verfügen, als angeblich adäquate Beschäftigungen angeboten werden, lasten einen Weimaraner mit Sicherheit nicht aus.

Die Rassemerkmale des Weimaraners

Die Rassemerkmale des Weimaraners sind im Rassestandard genau festgelegt worden und beschreiben dort, wie ein Hund aussehen soll, um seiner Rasse zu entsprechen. Bei Zuchtschauen und Ausstellungen bestimmen diese Kriterien die Bewertung des jeweiligen Hundes. Die F.C.I. (Fédération Cynologique Internationale), das ist der internationale kynologische Verband, hat zur besseren Übersicht die Rassestandards nummeriert und die verschiedenen Rassen in Gruppen und Sektionen gegliedert.

Klassifizierung des Weimaraners

Das Ursprungsland des Weimaraners ist Deutschland. Der derzeit gültige Originalstandard datiert auf den 27. 02. 1990. Der Weimaraner ist in der F.C.I.-Klassifikation in Gruppe 7 – Sektion 1.1 – kontinentale Vorstehhunde; Typ „Braque" – eingeteilt, und seine Verwendung wird mit: „Vielseitiger Jagdgebrauchshund (Vorstehhund)" angegeben.

Der Rassestandard

Als Rassestandard bezeichnet man in der Zucht die von Zuchtverbänden festgeschriebenen, charakteristischen Merkmale einer Rasse. Der Rassestandard bezieht sich in erster Linie auf den Phänotyp (= Erscheinungsbild, die Summe aller Merkmale eines Individuums), mittelbar aber auch auf den Genotyp (= Gesamtheit der Gene eines Organismus).

1 *Drei Kurzhaar-Weimaraner-Hündinnen.*
2 *Die Langhaar-Weimaraner „Dandy“ und „Donna vom Kreuzsee“ und „Bojan vom Schellenberg“ (von links nach rechts).*

F.C.I.-anerkannte Rassen

Derzeit erkennt die F.C.I. 339 verschiedene Rassen an. Jede von ihnen ist das „Eigentum“ desjenigen Landes, das als Ursprungsland der Rasse gilt. Die zur F.C.I. gehörenden 83 Ursprungsländer erstellen in Zusammenarbeit mit der Standard- und der Wissenschaftlichen Kommission der F.C.I. die Standards für ihre Rassen (Beschreibung des Idealtyps der Rasse). Bei Ausstellungen in den F.C.I.-Ländern stellen die Rassestandards für die Richter die Bewertungsgrundlage dar.

Kynologische Dachverbände

Es existieren drei große kynologische Dachverbände, die F.C.I., der britische Kennel Club (KC) und der American Kennel Club (AKC). Diese drei Verbände erkennen ihre Registrierungen gegenseitig an, soweit die entsprechenden Rassen anerkannt sind.

Unterschiede in den Standards

Der AKC in den USA, der KC in England und die F.C.I. für Deutschland haben jeder einen eigenen Rassestandard für den Weimaraner erstellt. Diese drei Standards sind sich grundsätzlich ähnlich, jedoch geht vor allem die britische Version sehr wenig ins Detail. Dadurch besteht dort deutlich mehr Raum für individuelle Interpretationen. Alle drei Rassestandards betonen die Leistungsfähigkeit der Weimaraner, aber nur der deutsche Standard erwähnt ausführlich Verhalten, Charakter sowie auch körperliche Merkmale: einzelne Körperteile, Gewicht, Größe und sogar die Hautbeschaffenheit.

Angestrebtes Zuchtziel

Bei dem im Rassestandard beschriebenen äußeren Erscheinungsbild des Weimaraners handelt es sich um die Festlegung des erwünschten Zuchtziels. Das bedeutet, dass die dort genannten Merkmale in der Zucht angestrebt werden.

Im Rassestandard sind neben dem körperlichen Erscheinungsbild auch das Wesen und die rassetypischen Eigenschaften eines Hundes beschrieben. Die aktuelle Wesensbeschreibung der F.C.I. bezüglich des Weimaraners fußt seit der Zuchtbucherfassung auf den Veranlagungen jagdlich geführter Rassevertreter. Sie definiert daher Wesenszüge, die bei dieser Jagdhunderasse erwünscht sind.

Der Weimaraner ist zwar in erster Linie ein ausgezeichneter Arbeitshund, er kann aber auch ein wundervoller Familienhund sein. Beides können wir aus eigener Erfahrung bestätigen. Jedoch mit einer Einschränkung: Dieser Wunsch erfüllt sich nur, wenn der Hund seinen Bedürfnissen entsprechend geführt, beschäftigt und ausgelastet wird. Dies haben wir im vorangegangenen Kapitel bereits thematisiert, und dies werden wir auch im Folgenden in anderen Zusammenhängen weiter vertiefen, da es so wichtig ist für das Zusammenspiel von Mensch und Hund. Als Weimaraner-Liebhaber liegt es uns am Herzen, Ihrem Hund und auch Ihnen Kummer und Frustration zu ersparen. Deshalb sollten Sie sich vor der Anschaffung eines Weimaraners mit seinen rassetypischen Eigenschaften sachlich und vor allem realistisch auseinandersetzen.

Der Weimaraner ist in erster Linie ein ausgezeichneter Arbeitshund, er kann aber auch ein wundervoller Familienhund sein, wenn er seinen Bedürfnissen entsprechend geführt wird.

Allgemeines Erscheinungsbild

Das Rätsel um die graue Farbe

Ganz klar gehört zum Weimaraner die Farbe Grau. Seine Fellfarbe ist einzigartig und jeder kennt diese Hunde als die eleganten Grauen. Ob Silber- oder Mausgrau, dunkles oder helles Rehgrau, die Farbe kennzeichnet diese Rasse. So ist es auch in den Rassestandards festgelegt. Bestimmende Institution für alle Rassekennzeichen des Weimaraners, so auch für seine Fellfarbe, ist nach wie vor der Deutsche Weimaraner Klub.

Doch wie kam es zu dieser Fellfarbe? Wie wir bereits im Kapitel zur Herkunft des Weimaraners geschildert haben (siehe Seite 16), ranken sich allerlei Geschichten um die Entstehung des Weimaraners, so auch um die Entstehung der silbergrauen Farbe. Es ist tradiert, dass Nachkommen von weiß-gelben Hunden, die mit braunen Hunden deutscher Rassen gekreuzt wurden, eine silbergraue Farbe gezeigt haben. Eine andere Quelle besagt, dass ein Züchter mehrere silbergraue Hunde aus einer Paarung weiß-gelb gezeichneter Vollblutpointer mit einer hellbraunen Hündin erhalten habe (Quelle: Ilgner). Oder dass zur Zeit des Großherzogs Carl August eine deutsch-kurzhaarige Hündin mit einem Pointer gekreuzt worden sei mit dem Ergebnis eines grauen Rüden!

Durch geschickte Zucht sei daraus der Weimaraner-Stamm hervorgegangen (Quelle: Brandt). Auch Charles Darwin hat sich der Weimaraner angenommen: Er berichtet von einem Wurf weiß-grauer Pointer, von dem man annimmt, dass die graue Farbe ein Rückschlag auf graue Pointer war. Wegen seiner eigentümlichen Farbe wurde einer dieser grauen Rüden aufgezogen und sorgfältig ausgebildet. Da dieser Hund hervorragende Jagdeigenschaften besaß, züchtete man mit ihm weiter und ließ nur die grauen Welpen am Leben, da man hoffte, dass sich die erwünschten jagdlichen Eigenschaften mit der Farbe vererben.

Ein stattlicher grauer Rüde und zwei sogenannte „blaue" Hündinnen.

Der Oberhofjägermeister Carl Zorn schreibt 1901: „Die Farbe der grauen Weimaraner wird zu Zeiten von Carl August als nicht wichtig eingestuft, vielmehr als reine Geschmackssache, deren Wunsch man bei der Bestellung Ausdruck geben sollte. Der Typus nähert sich dem des neudeutschen Kurzhaars. Die Leistungsfähigkeit dieser Hunde wird sehr hoch und die Farbe als ungemein praktisch für den vielseitigen Jagdbetrieb eingestuft." Jedoch weist er schon damals darauf hin: „Es besteht die Gefahr, dass vom Sonntagsjäger (!) ein flott stöbernder edler Weimaraner für ein flüchtig durchbrechendes Stück Rehwild angesprochen und mit der Schrotspritze unverdientermaßen bombardiert werden könnte." Und tatsächlich hat Rehwild im Winter fast dieselbe Fellfarbe wie ein Weimaraner; die Gefahr einer Verwechslung ist also wirklich gegeben.

In „Unsere Jagdhunde" 1960 (Quelle: Friess) ist zu lesen: „... dass die typisch silbergraue Farbe des Weimaraners durch Mutation (sprunghafte ungerichtete Veränderung der Gene) aus braunem Kurzhaar entstanden ist ..." Auch dazu existiert die in „Jagdhunde in Deutschland" 1991 formulierte Gegenthese (Quelle: Krewer), dass der Weimaraner seine Entstehung der Mischung altdeutscher kurzhaariger Vorstehhunde mit Leithunden verdanke.

Die Fellfarbe im Standard

Erste Standard bestimmende, deutsche Definitionen der Fellfarbe

1896 wurde die Farbe des Weimaraner Vorstehhundes erstmals definiert: „Silbergrau, gewöhnlich am Kopf und Behang heller."

1935 wurde die Beschreibung des erwünschten Farbstandards ausführlicher: „Silber-, reh- oder mausgrau, Kopf und Behang meist etwas heller. Weiße Abzeichen in geringerem Maße, meist an der Brust, sind weder unschön, noch, da ebenfalls rasseeigentümlich, fehlerhaft. Ebenso ist der selten noch vorkommende rotgelbe, niemals braune Anflug an Kopf und Läufen nicht als Fehler zu bewerten, jedoch soll ein Weimaraner mit rotgelbem Brand (farblich abgesetztes Abzeichen im Fell) bei Formbewertung nicht mehr als ‚gut' erhalten. Wenn jagdlich hervorragend, ist er bei der Zucht nicht auszuschalten. Vielfach über der Rückenmitte ein dunkler Aalstrich."

Der deutsche Rassestandard der Fellfarbe heute

Der aktuell gültige deutsche Originalstandard der F.C.I. zur Beschreibung der Fellfarbe lautet: „Silber-, reh- oder mausgrau sowie Übergänge zwischen diesen Farbtönen. Kopf und Behänge meist etwas heller. Weiße Abzeichen sind nur in geringem Maß an der Brust und an den Zehen zulässig. Gelegentlich über der Rückenmitte ein mehr oder weniger gut ausgeprägter dunkler ‚Aalstrich'. Hunde mit ausgesprochen rotgelbem ‚Brand' dürfen höchstens den Formwert ‚gut' erhalten. Brauner Brand ist ein schwerer Fehler."

Der amerikanische Rassestandard der Fellfarbe von 1943/44

Die erste Definition der Fellfarbe in den USA von 1943 beschrieb diese mit: „Silber, Reh- oder Mausgrau, gewöhnlich heller auf dem Kopf und den Ohren. Die Farbe der Zehen sollte in den oben genannten Farben oder schwarz sein."

1944 erfolgte eine Berichtigung in: „Grau (Silber, Hell, Dunkel, Gelb). Das dunkle Grau kann entweder Asche oder Blau sein, häufig leicht heller am Kopf und an den Ohren. Ein weißer Stern auf der Brust ist erlaubt, aber an keinem anderen Platz auf dem Körper zulässig. Jede gelbe Tönung in solch einem Stern ist ein Fehler."

1+2 Blauer Welpe und blauer erwachsener Rüde.
3 Erster Freigang von drei Wochen alten Welpen aus einer Verpaarung einer grauen Hündin mit einem blauen Rüden.

Die Farbvariante Blau

Erwähnenswert sind die bei uns in den letzten Jahren immer häufiger gesehenen Weimaraner in der sogenannten Farbe Blau. Bis heute wird sehr emotional diskutiert, ob diese Farbvarietät als „Blauer Weimaraner" anerkannt wird oder nicht. Die Stammelterntiere der blauen Weimaraner-Hunde, mit denen heute in Deutschland von noch wenigen Züchtern und häufig in Mischung blaue mit grauen Weimaranern gezüchtet werden, kommen hauptsächlich aus den USA. Die Farbe Blau war im ursprünglichen amerikanischen Standard von 1944 (siehe Seite 47) sogar erwähnt worden. Der erste dort eingeführte blaue Weimaraner „Cäsar von Gaiberg" (geboren Februar 1947, aus deutscher Zuchtlinie) wurde aus Deutschland in die USA eingeführt und als reinrassig anerkannt.

Die Nichtanerkennung der Farbe Blau

Der heute angegebene Standard des American Kennel Club (AKC) zur Fellfarbe des Weimaraners hat sich im Wesentlichen zu dem von 1943/44 nicht geändert. Nur wird heute explizit angesprochen: „... Ein ausgesprochen blaues oder schwarzes Fell ist ein Ausschluss."

Der Deutsche Weimaraner Klub hat sich bisher immer generell gegen die Anerkennung der Farbe Blau ausgesprochen. So wurde 1970 die Frage des Weimaraner Club of America (WCA) nach Anerkennung der Farbvariante Blau vom Deutschen Weimaraner Klub ganz eindeutig abgelehnt und darauf hingewiesen, dass nicht beabsichtigt sei, bei der F.C.I. diesbezüglich einen Antrag zu stellen. Auch 2008 wurde eine erneute Anfrage aus Johns Island US wieder abgelehnt, mit: „... die Farbe Blau ist weder vom Deutschen Weimaraner Klub noch vom VDH oder der F.C.I. anerkannt, und diese Hunde sind auch nicht in Ausstellungen oder hundeähnlichen Eignungsprüfungen als reinrassige Weimaraner zugelassen."

Aktuell wird vom Deutschen Weimaraner Klub über DNA-Tests geprüft, inwieweit genetische Übereinstimmung bei blauen und grauen Weimaranern herrscht. Würde diese Farbvarietät anerkannt, könnte damit endlich eine kontrollierte Zucht und überwachte Auswahl bei den Paarungspartnern beginnen, was mit Sicherheit der Gesundheit und Leistung der Blauen zugutekäme. Wie auch immer: In Exterieur und Wesen ist der Blaue dem Grauen näher als der Langhaar.

Wie die Weimaraner Fellfarbe entsteht

Wussten Sie, dass die Grundfellfarbe des Weimaraners durch ein farbbestimmendes Gen eigentlich Braun ist und die für unser Auge scheinbar graue Fellfarbe, die den Weimaraner von anderen Vorstehhunderassen unterscheidet, durch die Wirkung eines „Dilution-Gens" für „Blauverdünnung" zustande kommt? Das ist heute durch die Möglichkeiten der Genetik bekannt. Worüber also um 1900 im Zusammenhang mit der Fellfarbe noch gerätselt wurde, lässt sich heute wissenschaftlich untersuchen und erklären.

1

2

3

Kleiner Exkurs in die Genetik

Ein kleiner Exkurs in die Genetik soll die Entstehung der Fellfarben Grau und Blau näherbringen. Die Fellfarbe eines Hundes wird durch das Zusammenspiel mehrerer Genloci (siehe Kasten Seite 51) bestimmt, die die Bildung und die Verteilung der beiden Hauptpigmente Schwarz und Rot/Gelb steuern.

Dominante und rezessive Gene

Man unterscheidet dominante von rezessiven Allelen (siehe Kasten Seite 51) dadurch, dass das dominante Allel mit einem Großbuchstaben und das rezessive mit einem Kleinbuchstaben bezeichnet wird. „B" ist also gegenüber „b", und „D" gegenüber „d" dominant.

Das Farbe bestimmende Gen

Der B-Genlocus bestimmt die Grundfarbe. Das dominante „B“ erzeugt eine schwarze, das rezessive „b“ eine braune Fellfarbe. Da diese Allele in Paaren vorkommen, kann ein Hund „BB“, „Bb“ oder „bb“ haben. Interessant ist nun, dass bei „BB“-Individuen die Fellfarbe Schwarz ist und bei „bb“ Schokoladenfarben. „Bb“-Hunde sind auch schwarz, weil das dominierende „B“ das rezessive „b“ überschreibt. Das „b“ ist zwar vorhanden, im Phänotyp (Erscheinungsbild) des Hundes erst einmal aber nicht sichtbar. Das rezessive Allel wird auch an die Nachkommen des Hundes weitergegeben, wo es irgendwann in Form einer „bb“-Kombination wieder „sichtbar“ werden kann.

Intensität der Fellfarbe

Der D-Genlocus wiederum kontrolliert die Verdünnung der Fellfarbe. Die graue Fellfarbe, die den Weimaraner von anderen Vorstehhunderassen unterscheidet, kommt durch die Wirkung dieses „Dilution-Gens“ für „Blauverdünnung“ zustande, das von Little und Jones 1919 das Buchstabensymbol „D“ erhalten hat. Das dominante „D“ verursacht eine volle Pigmentierung, wohingegen das rezessive „d“ eine abgeschwächte Pigmentierung bewirkt. Weil „D“ dominant ist, würde es bei den Verbindungen „Dd“ oder „DD“ zu keiner Verdünnung der Pigmentierung kommen. Diese beiden Allele bewirken an sich keine Farbe, sondern sie beeinflussen nur die Intensität der Farbe, die durch andere Genloci wie zum Beispiel „BB“ und „Bb“ = Schwarz oder „bb“ = Braun gebildet werden.

Grau oder Blau

Bildet ein Hund braunes Pigment („bb“), so bewirkt der Dilutionsfaktor „dd“ die charakteristische Weimaraner-Farbe, die Little 1957 als „Silberrehfarbe“ bezeichnet hat. Ein Hund, der schwarzes Pigment bildet („BB“ oder „Bb“), erscheint unter der Wirkung des Verdünnungsfaktors „dd“ blau wie zum Beispiel blaue Weimaraner, blaue Doggen, blaue Whippets oder Silberpudel. Es wird

1 *Obwohl der dritte Weimaraner mehr blau als grau wirkt, bestätigt der DNA-Test bei allen drei Hunden eine braune Grundfellfarbe.*

2 *Der sechs Wochen alte Welpe stammt aus folgender Verpaarung: Vater mit brauner und Mutter mit schwarzer Grundfellfarbe.*

allgemein akzeptiert, dass alle Weimaraner vom Typ „dd" sind, das heißt, alle Weimaraner-Fellfarben sind verdünnt und nie völlig pigmentiert. So verändert der „dd"-Verdünnungseffekt die „bb"-Schokoladenfarbe in ein helleres Braun, das wir Weimaranergrau nennen, und lässt die „BB"- bzw. „Bb"-bedingte schwarze Farbe durch die Pigmentverdünnung als Blautönung erscheinen.

Fachbegriffe aus der Genetik

In der Genetik wird zwischen dominanten und rezessiven Erbfaktoren unterschieden.

Dominant bedeutet „beherrschend", rezessiv „zurücktretend" oder „nicht in Erscheinung tretend". Der Begriff bezieht sich dabei auf ein Merkmal eines Lebewesens, dessen Ausprägung durch ein anderes Merkmal überdeckt werden kann. Ein dominanter Erbfaktor setzt sich sowohl bei reinerbigen als auch bei mischerbigen Vorkommen in der Merkmalsausprägung gegenüber dem rezessiven durch. Damit das rezessive Merkmal in Erscheinung tritt, muss es reinerbig vorliegen und es darf kein dominantes Merkmal auf dem gleichen Genort vorhanden sein.

Locus bzw. Genlocus (Genort) nennt man die Lage, also physikalische Position eines Gens im Genom.

Ein Allel bezeichnet die mögliche Ausprägung eines Gens, das sich an einem bestimmten Ort (Locus) auf einem Chromosom befindet.

Hell oder dunkel

Die Verdünnung der Grundfarbe kann graduell sein und dabei einige Hunde heller machen als andere. Einige sogenannte blaue Weimaraner können zum Beispiel so hell sein, dass sie grau scheinen.

Erinnern wir uns: Der Unterschied zwischen Blau und Grau bei den Weimaranern ist die Grundfellfarbe und nicht der Grad der Verdünnung. So kann ein sehr stark verdünntes Blau viel heller sein als das sogenannte Mausgrau.

Nase und Augen

Diese farbverdünnende Wirkung von „dd" wirkt sich nicht nur im Haarkleid, sondern auch auf die Pigmentierung der Nase und der Augen aus. Hunde vom Typ „dd" haben deshalb eine schiefergraue Nasenkuppe und gelbbraune Augen. Auch hier jedoch keine Regel ohne Ausnahme: Beim Collie werden Hunde vom Gentyp „dd" mit einer schwarzen Nase geboren. Die aufhellende Wirkung erstreckt sich, wie zuvor schon erklärt, auf die durch andere Genloci bestimmte Farben, so zum Beispiel auch auf Black and Tan.

Weil sich der Aufhellungsfaktor, wie zuvor dargestellt, gegenüber dem Intensivierungsfaktor rezessiv verhält, konnte die Farbe nur auf dem Weg einer geschickten Inzucht als Standardfarbe gefestigt werden, wobei schon Strebel 1904 bemerkt hatte, dass der Aufhellungsfaktor bei fortgesetzter Inzucht zu einer schlechten Fellbildung und einer Anfälligkeit für Hautkrankheiten führen kann.

1 *Formschöne kräftige Hündin.*
2 *Junger grauer Rüde mit einer eher dünnen Peitschenrute.*
3 *Kräftiger Rüde, lange kompakte Rute.*
4 *Schlanke formschöne Hündin.*

Körper-, Maß- und Gewichtsvorgaben

Laut Rassestandard ist der Weimaraner mittelgroß bis groß. Als zweckmäßiger Jagdgebrauchshund soll er formschön, sehnig und mit kräftiger Muskulatur versehen sein. Die Muskeln treten jedoch bei diesen Hunden normalerweise nicht so deutlich hervor wie bei anderen Kurzhaar-Vorstehhunden. Körperbau und Kopf von Rüden und Hündinnen unterscheiden sich meist deutlich. Rüden sind außerdem auch größer und kräftiger als Hündinnen.

Die Proportionen

Die Maßangaben im Rassestandard zu den Proportionen des Weimaraners sind vor allem für Hundebesitzer von Bedeutung, die mit ihrem Weimaraner an Ausstellungen teilnehmen möchten und/oder eine Zucht anstreben. Das Exterieur (das Äußere) des Weimaraners soll nach der Rassebeschreibung mehr rechteckig als quadratisch gebaut sein und der Gesichtsschädel soll länger als der Oberschädel sein. Für den echten Liebhaber des Weimaraners zählen jedoch andere Eigenschaften weit mehr.

Größe und Gewicht

Rüden haben im Idealfall, gemessen am Widerrist, 62 – 67 cm, Hündinnen als Idealmaße 59 – 63 cm Körpergröße. Als Körpergewicht wird ein Rüde ca. 30 – 40 kg, eine Hündin ca. 25 – 35 kg auf die Waage bringen.

1 *Rasse-untypischer starker Stopp.*
2 *Schöner Rüdenkopf, jedoch zu kurzer Behang.*
3 *So gut wie kein Stopp am Stirnansatz (Hündin).*

Der Kopf

Der Kopf des Weimaraners ist ausgesprochen rassetypisch. Die Proportionen Körper zu Kopf sind ausgeglichen, beim Rüden zwar breiter als bei der Hündin, jedoch stehen sie immer in einem guten Verhältnis zueinander. Ein auffallendes Merkmal ist der geringe Stopp (Stufe zwischen Schädelknochen und Schnauze) am Stirnabsatz. Auf der Stirnmitte befindet sich eine leichte Vertiefung. Das Hinterhauptbein tritt, vor allem bei älteren Hunden, leicht hervor.

Die Schnauze

Der Fang (Schnauze) ist lang, besonders bei Rüden kräftig, im Profil wirkt er fast kantig. Die Backenmuskulatur ist ausgeprägt.

Der Nasenschwamm

Der Nasenschwamm ist dunkelfleischfarben und geht nach hinten allmählich in Grau über. Ein sehr heller, leicht rosafarbener Nasenschwamm deutet auf eine Pigmentarmut hin, die bei dieser Rasse nicht erwünscht ist. Ein dunkler bis schwarzer Nasenschwamm zeigt sich bei den sogenannten blauen Weimaranern, die – wie schon angesprochen – von den Weimaraner Klubs nicht anerkannt sind.

Der Behang, die Ohren

Die Ohren sind breit, ziemlich lang, hoch und schmal am Kopf angesetzt. Sie erreichen in etwa den Mundwinkel und sind unten spitz abgerundet. Bei Aufmerksamkeit dreht der Weimaraner seine Ohren leicht nach

4 Rasse-typische Kopfform mit mäßigem Stopp (Hündin).
5 Rasse-typische ausgeglichene Kopfform (Rüde).

vorn. Wenn einer unserer Weimaraner seine Ohren so nach vorn dreht, bezeichnen wir das immer liebevoll als „Elefantenohren“.

Die Augen

Die Augen des Weimaraners sind im Welpenalter himmelblau. Eine Farbe, die so gut wie jeden begeistert. Sie ändert sich mit zunehmendem Alter von Bläulich über Grünlich bis hin zu einem mehr oder weniger dunklen Bernsteingelb.

Der Körper

Der Hals des Weimaraners sollte wegen der Arbeit mit tiefer Nase muskulös, jedoch nicht zu kurz sein. Die geschwungene Halslinie verstärkt sich über den Schultern und geht harmonisch in die Rückenlinie und in die Brust über. Die Brust soll beim Weimaraner kräftig und tief, aber nicht übermäßig breit und eher rund sein. Sie soll bei einem erwachsenen Hund bis zum Ellbogen reichen.

Da der Weimaraner mehr lang als hoch gebaut ist, ist der Rücken eher lang, aber gut bemuskelt. Dieser lange Rücken ermöglicht elegant aussehende und raumgreifende Galoppsprünge. Die Hinter- und Vorderläufe werden beim Laufen parallel gesetzt, der Galoppsprung ist lang und flach.

4

5

Zu kurz kupierte Rute.

1 Feste geschlossene Katzenpfote.
2 Gutes Mitttelmaß einer Weimaraner-Pfote.
3 Unakzeptable Pfotenform.
4 Gute Winkelung einer Langhaar-Weimaraner-Pfote.

Die Rute

Bei Wirbeltieren wie dem Hund ist die Rute (der Schwanz) das mit Muskeln, Sehnen, Haut und Fell bekleidete hintere Ende der Wirbelsäule. Die Rute des Weimaraners ist kräftig und gut behaart, der Rutenansatz liegt etwas tiefer unter der Rückenlinie als bei anderen vergleichbaren Rassen. Viele Weimaraner in Jägerhand werden heute leider immer noch kupiert.

Kupieren – ja oder nein?

Mit dem Kupieren der Rute beraubt man den Hund – nach unserer Erfahrung – eines wichtigen innerartlichen Verständigungsmittels. Wenn jedoch die Rute kupiert wird, sollte zumindest darauf geachtet werden, dass dabei die Violsche Drüse vollständig erhalten bleibt. Wird die Drüse verletzt, heilt die Wunde an dieser Stelle schlecht. Als erfahrener Jäger und Weimaraner-Liebhaber setzen wir uns seit Jahren vehement dafür ein, dass das Kupieren des Kurzhaar-Weimaraners auch in Jägerhand bald der Vergangenheit angehören wird. Die Argumente, die aus Jägerkreisen für das Kupieren ins Feld geführt werden, wie zum Beispiel, dass bei unkupierter Rute im Jagdbetrieb eine große Verletzungsgefahr bestünde, können wir durch eigene, vergleichende Studien entkräften. Zum Glück finden sich unter den Weimaraner-Züchtern bereits viele, die das Kupieren ihrer Welpen eingestellt haben.

Vom Unsinn des Kupierens

Nachfolgend listen wir Argumente auf, die allesamt gegen ein Kupieren der Rute sprechen, zitiert nach Dr. Werner Petri, dem langjährigen Vorstand des Weimaraner Klubs:

- Die unverstümmelte Rute ist ein wichtiges Kommunikationsmittel bei der Körpersprache des Hundes, das von Artgenossen schon auf weite Entfernung wahrgenommen werden kann (Rutenhaltung, Frequenz der Rutenbewegung usw.).
- Nur mit der vollständigen Rute ist der Hund in der Lage, Geruchspartikel der Duftdrüsen und damit Botschaften an andere Hunde zu „verwedeln".
- In diesem Zusammenhang sind auch die als Duftdrüsen fungierenden Analdrüsen beiderseits des Waidlochs zu nennen. Nur

Die Violsche Drüse

Bei der Viole (vom lateinischen Viola = Veilchen) handelt es sich um eine Duftdrüse, die auch in ähnlicher Weise beim Fuchs vorkommt. Die Violsche Drüse (Dorsales Schwanzorgan) sitzt dorsal des 5. – 7. Schwanzwirbels.

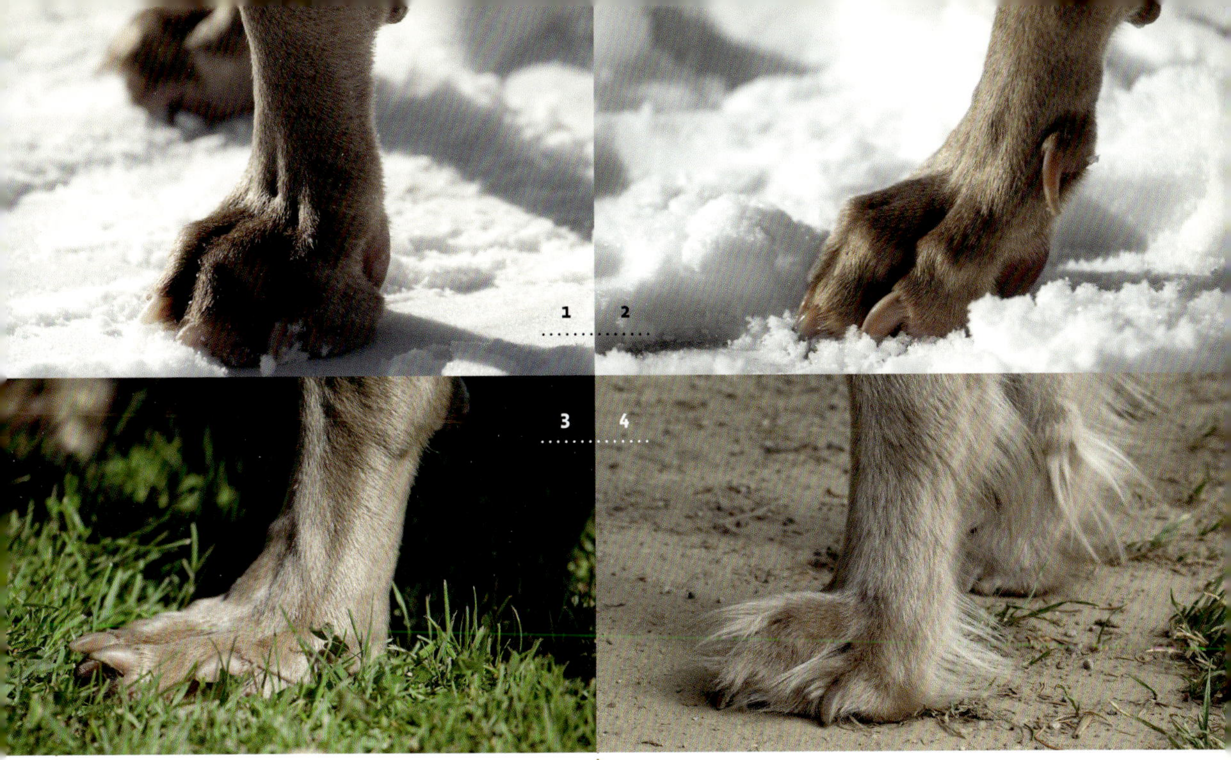

die unkupierte Rute gewährleistet durch ständiges Training der den After umgebenden Muskulatur, dass diese Drüsen regelmäßig entleert werden.

- Die unkupierte Rute hat eine wichtige Steuerungs- und Balancefunktion. Besonders gut kann man das beim Sprung, bei schnellen Wendungen im Feld, aber auch im Wasser beobachten. Jeder Jäger kennt das auch besonders gut von Beobachtungen beim Fuchs.
- Die vollständige Rute hat eine Schutzfunktion: Sie schützt Schnalle (äußeres weibliches Geschlechtsteil) und Geschröt (Hoden).
- Nur die unkupierte Rute wird in allen Lebenslagen unbeschwert getragen. Kupierte Hunde zeigen oft Abwehrreaktionen beim Berühren der Rute. Ich habe dies oft beobachtet, wenn meine Kinder die kupierten Ruten der eigenen Hunde berührten. Wahrscheinlich fühlen auch Hunde einen Phantomschmerz. Oft bleiben auch nach dem Kupieren nicht nur unschöne, sondern auch druckempfindliche Narben zurück. Vielleicht ist dies auch mit ein Grund dafür, dass sich viele Hunde beim Apportieren vor dem Ausgeben nur ungern setzen.

Die Gliedmaßen

Entspricht der Hund der Rassebeschreibung, dann sind die Vorderpfoten kräftig und stehen gerade zur Körpermitte. Die Zehen liegen eng aneinander und sind gewölbt. Längere Mittelzehen sind rasseeigentümlich und somit nicht fehlerhaft. Die Krallen variieren zwischen Hell- bis Dunkelgrau, die Ballen sind gut pigmentiert und derb. Auch die Hinterpfoten sind kräftig und kompakt. Zehen und Krallen der Hinterpfoten sind entsprechend den Vorderpfoten ausgebildet. Der Weimaraner besitzt keine Wolfskrallen. Die Form der Vorder- und Hinterbeine des Weimaraners werden im Standard mit hoch, sehnig, gerade und gut bemuskelt beschrieben.

1 *Ein Langhaar-Weimaraner mit einer ungewöhnlichen Fellzeichnung an Schnauze und Stirn.*

Es ist nicht einfach, eine Winkelung der Läufe des Grauen richtig zu beurteilen, wenn er einfach nur dasteht. Denn je nach Erregungszustand wird ein und derselbe Hund in der einen Situation sehr gespannt dastehen, während er in einem entspannten Zustand in sich zusammenfallen und fast „schlampig" dastehen kann. Ob das Zusammenwirken der einzelnen Körperpartien harmonisch abläuft und die Winkelung der Läufe funktionsgerecht ist, kann am besten beurteilt werden, wenn man den Hund im freien Bewegungsablauf beobachtet.

Die Beschaffenheit des Haarkleids

Der kurzhaarige Graue

Die erste bekannte und gewünschte Haarvarietät des Weimaraners war das kurze Haar. Dieses soll laut Standard kurz, jedoch länger und dichter als bei den meisten vergleichbaren Kurzhaarhunderassen sein. Das Deckhaar bei einem Kurzhaar-Weimaraner ist kräftig, sehr dicht und glatt anliegend, aber ohne oder nur mit geringer Unterwolle.

Der langhaarige Graue

Der langhaarige Weimaraner unterscheidet sich im Aussehen vom kurzhaarigen primär durch das andersartige Haarkleid. Die Haarlänge kann bei den einzelnen Langhaar-Weimaranern variieren. So sieht man langes weiches, aber auch kürzeres härteres Haar, das glatt und dick ist. An der Oberseite des Körpers ist das Haar dichter als an der Körperunterseite. Die Außenseiten der Behänge (Ohren), die Rute und die Rückseite der Läufe

2 + 3 *So soll der Langhaar-Weimaraner aussehen. Zwei Zuchthündinnen „von der Vilsaue".*

sind normalerweise von längerem weichem und seidigem Haar bedeckt. Das Fell des Langhaarwelpen ist im Vergleich zum festen Haar des kurzhaarigen Welpen weich und wollig.

Vererbung des Haarkleids

In der Vererbung verhält sich Langhaar gegenüber Kurzhaar eindeutig rezessiv. Es ist also möglich, dass ein Hund das Gen für Langhaarigkeit in sich trägt, ohne dass man es äußerlich erkennen kann, denn die Anlage für Kurzhaar (K) wird dominant gegenüber dem Langhaar (L) vererbt. Tragen beide kurzhaarigen Elterntiere ein Gen für Langhaar in sich, können aus einem Wurf lang- und kurzhaarige, aber auch sogenannte stockhaarige Welpen (= Fell mit kurzer dichter Unterwolle) hervorgehen, während aus reinen Langhaarpaarungen immer Langhaarwelpen hervorgehen. Heute kann der Züchter über einen DNA-Test wichtige Informationen für die Wahl geeigneter Zuchttiere erhalten, um auf diese Weise zum Beispiel Anlageträger Kurzhaar-Langhaar (KL) von reinerbig kurzhaarigen (KK) Tieren zu unterscheiden.

Wesen und Charakter

Laut F.C.I.-Rassestandard ist der Weimaraner: „Ein vielseitiger, leichtführiger, wesensfester und passionierter Jagdgebrauchshund mit systematischer und ausdauernder Suche, jedoch nicht übermäßig temperamentvoll. Nase von bemerkenswerter Güte. Raubzeug- und wildscharf, auch wachsam, jedoch nicht aggressiv. Zuverlässig im Vorstehen und in der Wasserarbeit. Bemerkenswerte Neigung zur Arbeit nach dem Schuss."

So steht es im Rassestandard, doch was bedeuten die einzelnen Begriffe? Beginnen wir mit der Leichtführigkeit, und schon haben wir das erste grundlegende Problem.

Leichtführigkeit

Leichtführigkeit – diese Aussage des Rassestandards kann nicht ohne Weiteres verallgemeinert werden, denn die Realität sieht – wie so oft – anders aus. Wenn wir Menschen mit wenig Hundeerfahrung aus guten Gründen von der Anschaffung eines Weimaraners abraten, bekommen wir häufig zu hören: „Wieso, ein Weimaraner ist doch leicht zu erziehen! Kennen Sie etwa nicht den Rassestandard?" Die dort genannte Leichtführigkeit wird also neben dem prachtvollen Aussehen oftmals zum ausschlaggebenden Kriterium für die Entscheidung „Pro Weimaraner", während die weiteren, im ursprünglichen Zuchtziel des Jagdgebrauchshundes erwünschten und vom Jäger bevorzugten Wesenseigenschaften gern vom suchenden zukünftigen Hundehalter überlesen werden. Schnell sind diese Eigenheiten des Weimaraners als nebensächlich abgetan und werden mit einem überzeugten: „Wir wissen, worauf wir uns einlassen. Wir schaffen das schon!", lautstark und oft fatalerweise ignoriert.

Was Leichtführigkeit bedeutet

Die in der Verhaltensbeschreibung der F.C.I. aufgeführte „Leichtführigkeit" bezieht sich auf den Jagdgebrauch. So beschreibt

Ein gefestigtes Vorstehverhalten hilft dem Jäger beim Aufspüren von Wild, dem Nichtjäger rechtzeitig zu reagieren, wenn sein Grauer Wild wahrnimmt.

sie im Vergleich zu den anderen deutschen Vorstehhunderassen die Arbeitsweise eines Weimaraners, die durch ein eher gezügeltes Temperament bestimmt ist, sowie seine Ausdauer und Freude, alle Arbeiten zu erledigen, seine Bringfreudigkeit und die nach unserer Meinung und nach Meinung anderer erfahrener Hundeführer gut steuerbare Jagdleidenschaft.

Für eine erfolgreiche Zusammenarbeit zwischen Mensch und Hund sind klare Regeln nötig, und diese müssen vom Hundehalter unmissverständlich und immer gegenüber dem Hund eingefordert werden. Das fordert ein hohes Maß an Disziplin seitens des Hundehalters, denn auch er muss verbindlich und immer die Regeln einhalten, deren Befolgung er vom Hund verlangt!

Leichtführigkeit heißt eben nicht: „Das ist ein Hund, der in der Familie leicht und locker mitläuft.“ Wir wissen dies nur zu gut aufgrund der uns bekannt gewordenen Erfahrungen, die nicht nur unerfahrene Hundehalter mit Weimaranern machten – Weimaraner-Besitzer, denen ihre Hunde aus dem Ruder liefen, deren Hunde aggressive Tendenzen zeigten und noch manches mehr.

Ein passionierter Jagdgebrauchshund

Im Jagdbetrieb ist der Weimaraner ein passionierter und ausdauernder Jagdgebrauchshund. Vor allem die alten Schläge zeichnet eine ruhige passionierte Arbeitsweise aus, die überlegt und zielgerichtet wirkt. Es zeigt sich bis heute bei dieser Rasse die Neigung zur Arbeit mit tiefer Nase, also vor allem der Einsatz nach dem Schuss (Nachsuche) und zum Verlorenbringen (Apport).

Das Vorstehen

Das Vorstehen ist ein Verhalten, das einer ganzen Jagdhundeklasse den Namen gab. Steht ein Jagdhund vor, schaut er bei angezogenem Vorderlauf in Richtung des Wildes. Diese Vorstehanlage ist beim Weimaraner erblich verankert. Allerdings kommt es vor, dass bei dieser eher spät ausreifenden Rasse die Veranlagung zum Vorstehen nicht von Anfang an gezeigt wird. Wir empfehlen das Vorstehen zu fördern, weil Ihnen ein gefestigtes Vorstehverhalten des Hundes hilft, in freier Natur sofort zu erkennen, wann Ihr Silbergrauer Wild wahrnimmt. So können Sie rechtzeitig reagieren und ihn präventiv abrufen, ohne dass er loshetzt oder es zu Wildkontakt kommt.

Nicht den Schutztrieb, sondern soziale Kompetenz und Unbefangenheit gegenüber Mensch und Tier sollte man beim Weimaraner fördern.

Der komplexe Begriff „Schärfe"

Für den erfolgreichen Einsatz im Jagdbetrieb ist Raubzeug- und Wildschärfe ein sehr wichtiges und notwendiges Zuchtziel bei Jagdhunderassen. Raubzeug- und Wildschärfe sind ein anlagebedingtes Verhalten des Hundes.

Wildschärfe

Alle Jagdhunderassen, die zur Arbeit nach dem Schuss eingesetzt werden, sollten eine Wehr- und Aggressionsbereitschaft gegenüber Wild, die sogenannte Wildschärfe, besitzen. Muss zum Beispiel ein bei einem Verkehrsunfall verletztes Tier nachgesucht werden, soll der Hund dieses, wenn er es gefunden hat, möglichst schnell und effektiv nach kurzer energischer Hetze niederziehen und durch Drosselgriff (Biss in den Hals) töten oder zumindest festhalten, bis der Jäger nachgekommen ist und es erlösen kann. Für den brauchbaren Allroundjagdhund ist dies erwünscht. Was jedoch fängt eine Familie mit einem solchen Spezialisten an, der das „süße Bambi", das nicht schnell genug weglaufen kann, niederzieht und tötet?

Raubzeugschärfe

Zeigt ein Hund auch gegenüber wehrhaftem Wild, wie zum Beispiel Fuchs, Dachs, Waschbär oder Iltis, eine beherzte Vorgehensweise und Unempfindlichkeit, bezeichnet man dies als Raubzeugschärfe und Härte. Da so gut wie jeder Weimaraner diese Schärfe und Unempfindlichkeit (Härte) besitzt, kann es unabhängig von den Haltungsbedingungen zu Problemen in Form von Aggression gegenüber Artgenossen und Menschen kommen.

Schützende Försterhunde

Der Weimaraner galt früher wegen seines ausgeprägten Schutztriebes als „Försterhund". In den unruhigen Zeiten von damals, in denen Wilderei und Holzdiebstahl noch häufiger vorkamen, war diese verteidigende und schützende Bereitschaft gerade bei Forstbeamten besonders gesucht.

Der Wesenstest

Bis 2001 wurde die Wesensfestigkeit durch nachfolgenden Wesenstest geprüft: Das Verhalten des Hundes wurde bei einer Bedrohung durch einen Figuranten (= in diesem Fall eine Person, deren bedrohendes Annähern der Hund durch einen Angriff abwehren soll) geprüft. Weiterhin wurde seine Wachsamkeit an einem neben ihm liegenden Rucksack oder Wild geprüft, wenn eine Person sich in Diebesabsicht näherte.

Wesensfestigkeit und Schutztrieb

Der Weimaraner Klub e. V. versucht aus züchterischen Gründen bei Junghunden die Wesensfestigkeit mithilfe eines Wesenstests herauszufinden. Der Zweck dieses Tests ist, wesensschwache Hunde, insbesondere scheue und ängstliche Tiere, zu erkennen und von der Zucht auszuschließen. Dieser Test war von Anfang an umstritten, weil sein Ergebnis keine sonderlich zuverlässige Aussage über das erblich verankerte „Nervenkostüm" des Hundes zulässt, denn das Verhalten eines getesteten Hundes kann gleichermaßen durch Umwelteinflüsse wie auch abrichtungsbedingt beeinflusst sein. Darum lässt auch eine Überprüfung des Hundes bezüglich seines Angriffs- und Verteidigungsverhaltens keine Rückschlüsse auf deren Vererbung zu. Das Pro und Kontra eines solchen Wesenstests wurde und wird bis heute im Weimaraner Klub sehr emotional diskutiert.

Schutztrieb ist heute out

Nur noch eine kleine Gruppe innerhalb des Weimaraner Klubs versucht den von vielen Weimaranern gezeigten Schutztrieb zu fördern. Jeder Hundeführer sollte sich ganz genau überlegen, ob er den Schutztrieb wirklich wecken oder sogar noch zusätzlich steigern will. Heutzutage muss das vorrangige Ziel bei der Erziehung eines Hundes sein, dessen soziale Kompetenz und seine Unbefangenheit gegenüber Mensch und Tier zu fördern.

Wichtig! Viele Weimaraner zeigen einen Schutzinstinkt. Dieser darf nicht unterschätzt werden, sonst sind Probleme vorprogrammiert.

Zuchtlinien verändern sich

Immer mehr Menschen wollen einen dieser eleganten grauen Jagdhunde haben. Viele der neuen Fans wollen oder können diesen Jagdhund aber nicht jagdlich führen. Damit wird der Anspruch an die spezifischen Charakter- und Verhaltenseigenschaften dieses Jagdgebrauchshundes immer mehr in den Hintergrund gedrängt. Mit beunruhigenden Konsequenzen: So gibt es mittlerweile in einzelnen Zuchtlinien einerseits schöne und leistungsfähige, andererseits jedoch auch nervöse, hyperaktive, krankheitsanfällige und schwierige (gerade im Aggressionsbereich auffällige) Hunde. Eine Tendenz, der man bei der Entscheidung für den Weimaraner Beachtung schenken sollte.

HALTUNG

Überlegungen vor dem Kauf

Wenn Sie damit liebäugeln, sich für diese alte deutsche Jagdhunderasse zu entscheiden, sollten Sie folgende Frage ehrlich beantworten: Kann ich wirklich die besonderen Ansprüche dieser Rasse erfüllen, oder lasse ich mich durch das äußere Erscheinungsbild, das so bestechend aristokratisch und edel wirkt und das Herz vieler Menschen höher schlagen lässt, zum Kauf verleiten?

Bestechend schön

Wir können uns noch gut erinnern, wie wir unseren gerade einmal vier Monate alten Weimaraner aus beruflichen Gründen auf eine Modemesse mitnehmen mussten. In der ganzen Halle inklusive unseres eigenen Standes lag ein heller türkisfarbener Teppichboden. Unser kleiner „Quibinger“ mit seiner wunderschönen silbergrauen Farbe, den himmelblauen Augen und einem leichten Silberblick war wie geschaffen für dieses Umfeld. Wenn er den Teppich betrat, spiegelten sich Fell- und Augenfarbe im Türkis, und es entstand ein sehr harmonisches Farbenspiel. Ein Anblick, der jedes Herz schmelzen ließ. Blitzschnell hatte es sich herumgesprochen: „Schaut mal bei den Fichtlmeiers vorbei, das müsst ihr unbedingt sehen!“ Die Menschen waren verzückt, der Hund war glücklich ob der vielen Aufmerksamkeit, und wir beantworteten mit Besitzerstolz geduldig alle Fragen zu diesem Hund. Dieses Erlebnis liegt mittlerweile viele Jahre zurück. Damals war der Weimaraner noch ein seltener Exot und kein Modehund wie heute.

Passt ein Weimaraner zu mir?

Wir haben also vollstes Verständnis dafür, dass Sie als Liebhaber dieser edlen Rasse viele Argumente finden, die dafür sprechen, diesen faszinierenden Hund besitzen zu wollen. Aber sind Sie sicher, dass so ein hochpassionierte Jagdhund, der über Raubzeug- und Wildschärfe und eine große Verteidigungsbereitschaft verfügt, wirklich zu Ihnen passt? Will Ihre ganze Familie diesen Hund? Sind sich alle in den Erziehungsfragen einig? Machen alle mit, sind die Kinder alt und reif genug für diese Verantwortung? Leben Sie in einem Weimaraner-gerechten Umfeld? Haben Sie genügend Zeit, ihm ausreichend körperliche und sinnvolle Beschäftigung zu bieten? Sind Sie bereit, zu jeder Jahreszeit und bei jedem Wetter mit dem Hund Spannendes zu unternehmen? Sind Sie bereit, hundegerechten Urlaub zu machen?

Wichtig!

Der Weimaraner ist ein passionierter Jagdgebrauchshund. Er sollte möglichst in Jägerhand kommen. Er kann ein wundervoller Arbeits- und Familienhund sein, jedoch wird sich dieser Wunsch nur erfüllen, wenn der Hund seinen Bedürfnissen entsprechend geführt, beschäftigt und ausgelastet wird.

1 *Über Dummyarbeit lässt sich ein Weimaraner gut auslasten.*
2 *Arbeit am Wild macht nur beim jagdlich geführten Weimaraner Sinn.*

1 *Auffordern zum Tanz oder Belohnen des Anspringens?*
2 *Vorsichtige gegenseitig Kontaktaufnahme.*

Weimaraner brauchen Führung

Die Haltung eines Weimaraners wird mit Sicherheit grundlegende Veränderungen in Ihren persönlichen Lebensrhythmus mit sich bringen und viele Ihrer lieb gewonnenen Gewohnheiten auf den Kopf stellen. Der Weimaraner braucht gebührende Beachtung und ausreichend sinnvolle Beschäftigung. Weiterhin sollten Sie die rassespezifischen Verhaltensweisen des Grauen akzeptieren und beherrschen lernen. Dieser liebenswerte Vierbeiner verlangt von Ihnen Tag für Tag Führung, Struktur, Konsequenz und Selbstdisziplin.

Einen Hund zu führen bedeutet, Verantwortung zu übernehmen und Führungskompetenz zu besitzen. Ein Weimaraner verändert Ihr Leben! Es wird nichts mehr so sein wie vorher! Unterschätzen Sie diesen Hund nicht, und holen Sie ihn sich keinesfalls nur wegen seines schönen Äußeren ins Haus. Auch wenn Sie in unseren DVDs die süße „Emma" und den souveränen „Herrn Quibinger" gesehen haben sollten, oder wenn bei dem einen oder anderen Weimaraner-Besitzer, den Sie kennen, das Zusammenleben harmonisch und toll verläuft, sollten Sie bedenken, dass das sehr wohl mit der individuellen Veranlagung des Hundes sowie mit der Auslastung und Umgangsweise durch den Halter zusammenhängt. Das bedeutet also, dass das, was einem anderen gelingt, Ihnen nicht zwangsläufig problemlos gelingen muss und wird!

Hören Sie sich Problemfälle an

Sprechen Sie mit Hundehilfsorganisationen wie „Krambambulli" oder „Jagdhunde in Not". Nehmen Sie die Geschichten über

3 Schon früh wird Persönlichkeit und Selbstbewusstsein bei einem Weimaraner erkennbar.
4 Gemeinsames Schmusen auf Augenhöhe schafft Vertrauen und Nähe.

„abgeschobene“ Weimaraner ernst, die dort aufgenommen wurden, weil Menschen mit einem Hund dieser Rasse nicht zurechtkamen, und stolpern Sie nicht blauäugig in die Verantwortung für einen Grauen. Kontaktadressen finden Sie auf Seite 184.

Es ist uns ein sehr großes Anliegen, in diesem Buch immer wieder zu betonen, dass ein Weimaraner eine echte Herausforderung ist. Schon viel zu viele gescheiterte Weimaraner-Halter suchten am Ende Unterstützung bei uns, obwohl sie zuvor überzeugt waren, alle Voraussetzungen für die Haltung eines Weimaraners bestens zu erfüllen. Ungeschickte oder falsche Umgangsweise, inkonsequente Erziehung, Strukturlosigkeit, zu viel Freiraum bereits beim Welpen, fehlende Führungskompetenz, negative Erlebnisse, zu wenig Auslastung oder die genetische Disposition des Hundes ließen die Entscheidung für einen Weimaraner schnell zu einem Albtraum für die Familie und das gesamte Umfeld werden.

Die Qual der Wahl

Wenn Sie alle grundlegenden Überlegungen bezüglich der Rassewahl durchdacht und eine Entscheidung für den Weimaraner gefällt haben, stellen Sie sich die nächste Frage: Was passt besser zu mir und meiner familiären Struktur? Ein Welpe oder ein älterer Hund?

Ein Welpe …

Normalerweise kommt ein Welpe im Alter von acht bis zehn Wochen in Ihr Haus. In der nun folgenden Zeit müssen Sie ihn stubenrein bekommen und ihn sozialisieren. Das geht nicht von heute auf morgen. Die Grundlagen für eine gut funktionierende Partnerschaft zu schaffen, kostet viel Zeit. Dies kann sehr anstrengend und nervenaufreibend sein. Aber was gibt es Schöneres als der Entwicklung eines kleinen Hundes beizuwohnen, ihn formen und leiten zu dürfen, seine Lebensfreude, seine Lernfreude mitzuerleben und sein Vertrauen zu gewinnen?

Zwei stattliche Weimaraner-Rüden vom kurz- und langhaarigen Typus: „Maximus von Weißenfels" und „Bruno von der Vilsaue".

... oder ein älterer Hund?

Haben Sie sich für einen älteren Hund entschieden, ist dieser in seinem Wesen schon geformt, und Sie können besser einschätzen, wen Sie sich ins Haus holen. Die Eingewöhnung eines erwachsenen Hundes kann unter Umständen schneller vor sich gehen als die Integration und Erziehung eines Welpen. Der erwachsene Hund erfordert aber auch oft etwas mehr Nachdruck, abhängig von den Erfahrungen, die er in seinem bisherigen Leben zuvor gemacht hat.

Wichtig! Versuchen Sie die Gründe herauszufinden, warum der Hund abgegeben werden soll bzw. wurde. Denn ist Problemverhalten der Grund, handelt es sich häufig um unkontrollierbares Jagen oder Aggressionsverhalten. Mit Sicherheit kostet es Sie viel Energie, Nerven und Selbstdisziplin, diese Probleme in den Griff zu bekommen.

Eine Hündin ...

Die nächste Frage, die sich stellt, ist die des Geschlechts. Weimaraner-Hündinnen sind meist kleiner als Rüden, eher leichtführig, können aber auch erheblich „zickiger" sein. So stellt sich bei vermeintlichen Konkurrentinnen manchmal heftiger Streit ein, bei dem es auch zu ernsthaften Verletzungen kommen kann. Die erstmalige Läufigkeit und damit sexuelle Aktivität beginnt in der Regel zwischen 8 und 15 Monaten. Eine Hündin kann vor, während oder nach einer Läufigkeit Verhaltensänderungen zeigen, die in dieser Zeit vom Halter entsprechendes Einfühlungsvermögen erfordern. Die Läufigkeit tritt in der Regel zweimal im Jahr auf und dauert ca. drei Wochen. Die Hündin hat während dieser Zeit einen blutigen Scheidenausfluss.

Tipp

Während der Läufigkeit aufpassen

In der befruchtungsfähigen Zeit kann es ohne Weiteres sein, dass die Silbergraue alles versucht, um zu ihrem auserwählten Rüden zu gelangen. Behalten Sie Ihre Hündin in dieser Zeit deshalb gut im Auge!

Zwei Langhaar-Weimaraner-Hündinnen mit optimalem Körperbau.

… oder ein Rüde?

Weimaraner-Rüden zeigen sich oft als „Machos", brauchen meist etwas mehr erzieherische Konsequenz und deutliche Führungsqualität. Sie zeigen nicht selten innerartliche gleichgeschlechtliche Unverträglichkeit, imponieren gern und gehen auch einem Streit nicht aus dem Weg. Bei einem Rüden macht sich der Beginn der sexuellen Reife dadurch bemerkbar, dass er das Bein hebt. Normalweise geschieht dies zwischen dem 9. und 15. Lebensmonat. Rüden sind das ganze Jahr sexuell aktiv.

Achtung! Befindet sich in Ihrer Nachbarschaft eine läufige Hündin, kann es sein, dass Ihr Weimaraner in dieser Zeit unruhig ist, winselt, wenig frisst, sabbert und einen Weg sucht, um zur Angebeteten zu gelangen.

Lang- oder Kurzhaar?

Den Weimaraner können Sie als Kurz- oder Langhaar erwerben. Unserer Meinung nach sind Wesensunterschiede vorhanden, die durchaus mitbedacht werden sollten. Für welche Variante Sie sich letztlich entscheiden, ist also nicht nur Geschmackssache. Der langhaarige Weimaraner verliert Haar, dafür aber weniger die Selbstkontrolle in konkurrierenden Aktionen. Da das jedoch keine Regel ist, sollte Ihre Sympathie entscheiden.

Erstkosten

Haben Sie die Anschaffungs- und Haltungskosten gut durchdacht? Die Anschaffungskosten liegen zwischen ca. 800,– und 2.500,– Euro, wobei so ein überhöhter Preis nicht bezahlt werden sollte! Weitere Kosten sind erste Impfungen und mehrmalige Entwurmung, außerdem die Erstausstattung wie Halsband, Leine, Futternapf, Welpenfutter, einige Kaudummys für den Zahnwechsel, ein gemütliches Hundebett und eine Hundebox.

Arbeitsmaterial und Hundeschule

Um einen Weimaraner körperlich und geistig auszulasten, müssen Sie sich schon einiges einfallen lassen. Dazu benötigen Sie entsprechende Fachliteratur, diverse Ausbildungs-DVDs, viele unterschiedliche Dummys sowie Such- und Fährtenleinen und dazugehörige Halsbänder.

Der Besuch einer Hundeschule ist dringend anzuraten, doch kommt es hier darauf an, die richtige zu finden, also eine mit Erfahrung in der Ausbildung von Weimaranern. Wenn Sie Pech haben, wird aus Ihrer Suche eine Odyssee durch mehr oder weniger unqualifizierte Schulen. Bitten Sie deshalb den oder die Ausbilder der Hundeschulen aus Ihrer engeren Wahl, Kontakte zu anderen Weimaraner-Besitzern herzustellen, die zuvor bereits diese Hundeschule besucht haben. Seriöse Ausbilder werden Sie gern über die Ausbildungsmethoden und -ziele informieren, Ihnen Referenzen nennen und

Ihr beharrliches Hinterfragen als das deuten, was es ist: Interesse an einer qualifizierten Ausbildung Ihres Hundes. Unqualifizierte Ausbilder und eine „Irgendwie-geht-das-schon-Hundeschule" können sich sehr nachteilig auf die Entwicklung Ihres Weimaraners auswirken.

Wichtig! Nehmen Sie für den Besuch einer passenden Hundeschule notfalls auch einen weiteren Anfahrtsweg in Kauf.

Autoausstattung

Zur Beförderung Ihres Weimaraners ist ein Kombi oder größerer Wagen mit ausreichend Platz im hinteren Wagenbereich zu empfehlen. Der Hundetransport im Auto sollte nicht ohne Sicherheitsnetz, Sicherheitsgurt oder einer fest verankerten Transportbox erfolgen. Ein Verkehrsunfall oder ein heftiges Bremsmanöver macht den Hund zum gefährlichen Geschoss.

Wichtig! Nur wenn Ihr Hund ausreichend abgesichert ist, kommt bei einem Unfall die Versicherung für den Schaden auf!

Man muss sich schon etwas einfallen lassen, damit für „Emma“ das Suchen von Dummys immer wieder interessant ist.

Monatliche Kosten

Der jährliche Unterhalt liegt bei ca. 1.200,– bis 1.500,– Euro. Dazu zählen Futterkosten, Hundesteuer und Tierarztkosten für die jährlich anfallende Impfung, Entwurmung und Parasitenprävention, ohne Einrechnung weiterer unvorhersehbarer Kosten bei Krankheit oder Unfall. Wird Ihr Hund krank, was heute leider nicht mehr ungewöhnlich ist, stehen unter Umständen zusätzliche Kosten ins Haus. Eine Krankenversicherung für Hunde kann diese Kosten etwas mindern.

Den Abschluss einer Hundehaftpflichtversicherung empfehlen wir unbedingt. Ein Angebotsvergleich lohnt sich! Je nach Höhe von Selbstbeteiligung und Deckungssumme liegen die Angebote zwischen ca. 40.– bis 160.– Euro pro Jahr.

Auswahl und Kauf

Wenn Sie sich umfassend über die Eigenschaften und Bedürfnisse des Weimaraners informiert und sich realistisch damit auseinandergesetzt haben, ob Sie bzw. Ihre Familie den Ansprüchen dieses Jagdgebrauchshundes wirklich gerecht werden können, gilt es, einen guten Züchter zu finden – vorausgesetzt, Sie haben sich für einen Welpen entschieden.

Der richtige Züchter

Sind Sie Jäger, dann können Sie getrost bei der Welpenvermittlungsstelle des Weimaraner Klubs e. V. nachfragen. Dort erhalten Sie alle wichtigen Informationen wie Adressen von Ansprechpartnern und Züchtern und Informationen dazu, wann und wo Welpen zu erwarten sind. Welpen dürfen übrigens frühestens ab Beginn der 9. Woche abgegeben werden. Als Nichtjäger haben Sie es da schon wesentlich schwerer.

Dadurch, dass der Weimaraner durch Werbung und Fernsehen immer bekannter wird, ist natürlich auch die Nachfrage nach dieser Rasse größer geworden. Die zunehmende Beliebtheit des Weimaraners lässt daher auch den einen oder anderen Schwarzzüchter darüber nachdenken, in das neue Geschäftsfeld der Weimaraner-Zucht einzusteigen. Ohne alle Schwarzzüchter über einen Kamm scheren zu wollen, raten wir Ihnen, sehr kritisch bei der Wahl des Züchters zu sein, damit Sie nicht das Pech haben, an einen „Hundevermehrer" zu gelangen, der bei der Zucht hauptsächlich den finanziellen Aspekt im Blick hat. Zahlen Sie nicht jeden Preis für einen Welpen, nur weil es vielleicht schwierig war, überhaupt einen Züchter zu finden, der einen kleinen Grauen an Sie abgibt! Auch das Inserat in einer Fachzeitschrift oder die schön gestaltete Internetseite sind keine Garantie für eine gute Zuchtbasis oder geeignete Zuchtbedingungen. Sie müssen wissen, dass ein Züchter nur dann den strengen Zuchtordnungsregeln des Weimaraner Klubs unterliegt, wenn er diesem auch angeschlossen ist. Nur die gelbe Original-Ahnentafel garantiert, dass der Welpe nach den anerkannten Richtlinien des Weimaraner Klub e. V. gezüchtet wurde. Die im linken Ohr des Welpen eintätowierte Nummer muss mit der Zuchtbuchnummer auf der Ahnentafel übereinstimmen.

Bedauerlicherweise liegen bei Schwarzzuchten zumeist keine HD-Befunde oder genetischen Prüfungen der Zuchttiere vor. Denn passende Verpaarungen können nur aufgrund dieser Befunde ausgewählt werden, um eventuelle Erbkrankheiten in der Nachkommenschaft möglichst auszuschließen. Aber: Auch Welpen ohne anerkannte Abstammungspapiere können gesund und wesensfest sein.

Ob Kurz- oder Langhhaar-Weimaraner-Welpen. Am liebsten würde man alle mitnehmen.

Augen auf beim Hundekauf!

So erkennen Sie einen guten Züchter

Der Züchter:

- züchtet nicht viele unterschiedliche Rassen.
- zieht nicht mehrere Würfe gleichzeitig auf.
- hält die Welpen nicht ausschließlich im Zwinger, sondern integriert sie in die Familie.
- weiß gut über die Entwicklung und das Verhalten von Hunden seiner Rasse Bescheid.
- ist mit deren speziellen Bedürfnissen und Ansprüchen vertraut.
- gibt bereitwillig Auskunft zu seinen Tieren und deren Gesundheitszustand und auf Ihre vielen Fragen.
- ist aber auch kritisch bei der Wahl des neuen Besitzers und stellt Ihnen ebenso viele Fragen, die auch Sie ihm beantworten sollten.

Machen Sie niemals einen Spontan- oder Mitleidskauf! Bitten Sie den Züchter im Voraus um einige Informationen.

Die wichtigsten Fragen an den Züchter

Fragen Sie:

- nach den HD-Befunden der Elterntiere.
- ob die Ahnentafel von einem VDH-anerkannten Zuchtverband ausgestellt wird, denn nicht jede Ahnentafel wird anerkannt.
- nach welchen Kriterien Rüde und Hündin ausgewählt wurden.
- ob ein DNA-Test die Auswahl mitbeeinflusst hat.
- nach dem Alter der Mutterhündin; sie sollte über zwei und nicht älter als sieben oder acht Jahre alt sein.
- nach dem Alter des Rüden; er sollte über zwei Jahre alt sein.
- wie oft die Hündin schon Welpen hatte; es sollten nicht mehr als ein Wurf pro Jahr und maximal fünf Würfe in ihrem Leben sein.
- ob und in welcher Weise der Züchter mit seinen Hunden arbeitet.
- ob die Welpen medizinisch versorgt,

Die ersten Wochen eines Welpen sind prägend. Nehmen Sie Züchter und Zuchtbedingungen genau unter die Lupe.

geimpft, entwurmt und gechipt abgegeben werden.
- ob sich der Aufzuchtsbereich in unmittelbarer Nähe des Wohnbereichs befindet.
- ob die Welpen mit Geräuschen und weiteren Umweltbedingungen bzw. Autofahren vertraut gemacht werden, um ihre Sinne zu schulen, und ob die Welpen eine erzieherische Vorprägung erhalten und welche.

Kritisch umschauen

Sehen Sie sich kritisch um und beachten Sie:
- Die Umgebung wie Hundelager und Auslauf der Welpen – alles sollte sauber sein.
- Die Welpen sollten gesund aussehen und munter sein.
- Die Althunde des Züchters sollten nicht ängstlich, sondern unbefangen und zutraulich, nicht aggressiv, sondern freundlich und kontaktfreudig sein.

Vorleistungen, die ein guter Züchter erbringt

In der Regel ist die Abgabezeit der Welpen zwischen der 8. und 10. Woche. Bis zur Abgabe kann und sollte der Züchter Vorarbeit leisten. Dazu gehört:
- viel Kontakt zu großen und kleinen Menschen,
- viel Körperkontakt,
- sich überall untersuchen lassen,
- Stubenreinheit anlegen,
- vom Zeitpunkt der Zufütterung an aggressives Fressverhalten gegenüber den Geschwistern unterbinden,
- das Prinzip „Beutetausch“ etablieren,
- die Sinne schulen durch verschiedenste Geräusche und andere Umweltreize wie Autofahren,
- Signale für das Heranrufen einführen, wie z. B. ein Lautsignal durch Rufen oder Pfeifen oder ein Körpersignal wie das In-die-Hocke-gehen,
- Anlegen von Halsband und Leine in stressfreier Weise,
- Wasser kennenlernen (abhängig von der Jahreszeit),
- kleine Spaziergänge mit der ganzen Hundefamilie,
- Jagdhund: Vorprägung auf Wildgerüche,
- Familienhund: Keine Prägung auf Wildgerüche!

Die Auswahl

Ihr Züchter und Sie sind sich einig geworden, die „Chemie" stimmt und die Welpen sind etwa fünf bis sechs Wochen alt. Jetzt ist die Zeit gekommen, einen auszuwählen, denn Persönlichkeit und Charakter der einzelnen Welpen werden langsam sichtbar. Ein guter Züchter kennt seine Rabauken und kann Ihnen zu jedem etwas erzählen. In den vielen Gesprächen hat er auch Sie und Ihre Familie, Ihre Lebensumstände und Vorstellungen kennengelernt. Zögern Sie nicht, ihn um seinen Rat zu fragen. Nehmen Sie sich dennoch viel Zeit für die endgültige Entscheidung, und beobachten Sie in Ruhe die ganze Meute. Auch wenn Ihnen alle gefallen und Sie am liebsten jeden mitnehmen möchten, können Sie bei genauem Hinsehen erkennen, wie unterschiedlich sie sind. Schon bald werden Sie einen davon favorisieren. Meist fällt die Entscheidung aus dem Bauch heraus. Nutzen Sie dennoch Ihren Verstand, um zu erkennen, welcher Charaktertyp am besten zu Ihnen und Ihrer Familie passt.

Wichtig! Alle Welpen eines Wurfes sollten sich ohne Knurren oder Anzeichen von Kontaktscheu oder Angst anfassen lassen und den Körperkontakt mit Menschen genießen. Sie sollten sich ohne heftige Gegenwehr auf den Rücken legen und kraulen sowie hochnehmen lassen.

Sind Eigenschaften wie Scheu, Aggressivität oder Nervosität bei den Elterntieren oder den Welpen zu erkennen, dann lassen Sie besser die Finger davon und suchen sich einen anderen Züchter. Andernfalls sind Probleme vorprogrammiert!

Garantien gibt es nicht

Eine Garantie dafür, dass der vom Züchter empfohlene oder der von Ihnen ausgewählte Welpe genau Ihren Ansprüchen genügt und sich so entwickelt, wie Sie sich das vorstellen, kann es nicht geben. Eines jedoch ist sicher: Beim Weimaraner handelt es sich um einen hochpassionierten Jagdhund, der viel Zeit und Beschäftigung braucht. Das müssen Sie immer beachten!

Auch wenn die Welpen noch so süß aussehen – was wie ein Weimaraner aussieht, ist ein Weimaraner! So zeigt der 14 Wochen alte Weimaraner-Welpe dem Golden-Retriever-Welpen schon sehr deutlich seine Gestimmtheit.

Die Gene der Ahnen

Möchten Sie als Jäger den Welpen später jagdlich einsetzen und auch diverse Prüfungen mit ihm absolvieren, sollte er gut dafür veranlagt sein. Die guten Eigenschaften der Elterntiere werden aufgrund deren Prüfung und vor allem deren praktischen Einsatz im Jagdbetrieb ersichtlich. Dazu kann ein gemeinsamer Gang zur Jagd mit dem Züchter und den Elterntieren hilfreich sein. Trotzdem kann Ihnen kein Züchter eine Garantie geben, dass die Verpaarung zweier Prüfungssieger zwangsläufig wieder einen solchen hervorbringt.

Wenn Sie als Nichtjäger einen Weimaraner wählen, sollten Sie bedenken, dass auch Groß- oder Urgroßeltern sich vererben. Hunde, die von der Historie her jagdliche Anlagen mitbringen, müssen auch dementsprechend beschäftigt werden. Unterfordert man solch einen Hund, wird er schnell Wege finden, sich selbst zu beschäftigen, und das ist meistens nicht im Sinn seines Besitzers. Den von so manchem Privatzüchter angepriesenen „Familienweimaraner", dessen Jagdinstinkte angeblich weggezüchtet wurden, gibt es schlichtweg nicht. Oder anders gesagt: „Was aussieht wie ein Hai, verhält sich auch wie ein Hai und nicht wie ein Goldfisch." Unabhängig davon, ob Sie Ihren Weimaraner als Jagdgebrauchs- oder Familienhund führen wollen, sollten Sie immer darauf achten, dass er ein freundliches, sanftes Wesen hat, aufgeschlossen ist gegenüber Menschen, ausgeglichen und ruhig, weder zu selbstbewusst noch zu unterwürfig oder gar ängstlich.

Kaufvertrag abschließen

Wenn Sie Ihre Wahl getroffen und sich mit dem Züchter geeinigt haben, schließen Sie einen Kaufvertrag ab. Der Kaufvertrag regelt den Preis, die Höhe der Anzahlung und ein eventuelles Rückgaberecht, falls Sie aus irgendwelchen Gründen den Welpen wieder zurückgeben wollen.

Die Ahnentafel

Kurz vor der Abgabe, meist mit ca. sechs bis sieben Wochen, wird der Welpe vom Tierarzt geimpft, gechipt und eventuell tätowiert. Bei der Wurfabnahme wird vom Zuchtwart überprüft, ob die strengen Zuchtbedingungen des Zuchtvereins erfüllt wurden, und der

Beim ersten gemeinsamen Ausflug ist der Welpe oft noch vorsichtig und zurückhaltend.

Welpe darauf untersucht, ob er irgendwelche offensichtlichen Mängel oder Krankheiten hat.

Bei der Abgabe oder kurze Zeit danach erhalten Sie als Abstammungsnachweis eine Original-Ahnentafel vom Weimaraner Klub e. V. Ein VDH-anerkannter Züchter stellt für jeden Welpen eine Ahnentafel aus, egal ob Sie das möchten oder nicht, eine Zuzahlung für diese Erstellung ist nicht üblich.

Wichtig! Für die Teilnahme an Zuchtprüfungen und die Vorstellung auf Rassehundeausstellungen sind vom VDH anerkannte Ahnentafeln Voraussetzung. Kupierte Hunde dürfen übrigens nicht mehr an einer VDH-Hundeausstellung teilnehmen, außer sie werden nachweislich jagdlich geführt.

Impfpass und Entwurmung

Zusätzlich zu den Unterlagen zur Abstammung erhalten Sie zum Abholzeitpunkt den internationalen blauen Impfpass mit eingetragener Chipnummer, Impfdaten und einem Hinweis, wann die nächste Impfung zu erfolgen hat. Lassen Sie sich vom Züchter eine Auflistung über die bereits vorgenommenen Entwurmungen sowie den Zeitpunkt für die nächste Entwurmung und Impfung mitteilen und lassen Sie sich gegebenenfalls gleich ein Wurmmittel mitgeben.

Wichtig! Welpen sind noch sehr empfindlich und benötigen unbedingt spezielle Entwurmungsmittel. Entwurmung und Impfung sollten zeitlich auseinanderliegen. Fragen Sie dazu Ihren Tierarzt.

Die kleine „Bomba" hingegen hat es faustdick hinter den Ohren.

Bevor Sie den Welpen holen

Bei Ihrem letzten Besuch vor der Abholung sollten Sie ein Kleidungsstück, eine Decke oder ein Handtuch beim Züchter zurücklassen. Wenn der Züchter die Decke oder das Handtuch einige Tage bevor Sie den Welpen abholen in die Wurfkiste legt, kann so der Geruch von Mutter und Geschwistern daran haften bleiben. Sie nehmen mit dieser Decke den vertrauten Geruch der Hundefamilie gewissermaßen mit zu sich nach Hause und für den Welpen ist dort dann nicht alles so neu und fremd.

Futterplan

Damit der Welpe durch eine plötzliche Futterumstellung keinen Durchfall bekommt, ist es gut, wenn Ihnen der Züchter einen Futterplan und etwas Futter für die ersten Tage mitgibt.

Haftpflicht

Vergessen Sie nicht, sofort eine Haftpflichtversicherung für den Welpen abzuschließen, denn auch für Schäden, die ein Welpe verursacht, haften Sie als Halter!

Jetzt kommt es auf Sie an!

Wenn der Welpe erst einmal bei Ihnen zu Hause eingezogen ist, werden Sie bald merken, wie viel Arbeit auf Sie zukommt und wie viel Verantwortung Sie auf sich genommen haben. Schnell kann es sein, dass Ihnen das eine oder andere zu entgleiten droht, wenn der Kleine sich nicht genau so verhält, wie dies Ihren Vorstellungen entspricht. Ihr kleiner, süßer, anschmiegsamer Welpe mit seinen himmelblauen Augen und seinem silbergrauen Fell ist ein Lebewesen mit vielen Bedürfnissen, mit speziellen rassetypischen Charaktereigenschaften und einer Persönlichkeit, die Sie möglicherweise in aller Intensität schneller kennenlernen werden, als Ihnen das vielleicht lieb ist.

Ihr kleiner Weimaraner braucht nicht nur viel Pflege, Schutz und Liebe, sondern vor allem auch von Anbeginn an klare Strukturen und Führung, um sich in seinem Umfeld zurechtzufinden und sich zu einem sozial kompetenten Familienmitglied zu entwickeln.

Bedenken Sie, der Welpe ist Ihnen und seiner Umwelt hilflos ausgeliefert und legt sein Leben und sein Wohlergehen mit dem ihm angeborenen ursprünglichen Vertrauen in Ihre Hände.

DER CHARME EINES WEIMARANERS BERÜHRT DAS HERZ SO SEHR, DASS MAN NICHT MEHR VON IHM LASSEN KANN.

Jeannette Rauschert, Weimaraner-Führerin,
1. Vorsitzende Rettungshundestaffel-Nordbayern.

Ein Weimaraner zieht ein

Bevor Sie Ihren kleinen Grauen beim Züchter abholen, gilt es für ein welpensicheres Zuhause noch einige Vorbereitungen zu treffen. Der Hundeprofi weiß in der Regel schon ganz genau, wie er Wohnung oder Haus und Garten hundetauglich macht und was der Welpe und er selbst als Hundebesitzer benötigen. Ein Hundeanfänger ist da schnell überfordert.

So wird Ihr Zuhause hundetauglich

Hier ein paar Hinweise, wie Sie Ihr Zuhause hundetauglich machen. Entfernen Sie für den Anfang alle Kleinteile, die der Hund fressen, und alle Stromkabel, die er anknabbern könnte. Auch kostbare Gegenstände entfernen Sie lieber aus seinem Aktionsradius, denn wenn sich ein Weimaraner freut, ist ein niedriger Wohnzimmertisch mit wertvollen Gegenständen schnell abgeräumt.

Einkaufsliste

Bevor Sie Ihren Weimaraner abholen, sollten Sie sich folgende Minimalausstattung besorgen:

- Halsband und leichte Leine
- Futter- und Wassernapf
- Hundekorb mit waschbarer Einlage
- Gewohntes Futter
- Kauspielzeug
- Kauknochen
- Weiche Welpendummys

Kinderspielzeug

Sind Kinder im Haus, wird das Kinderspielzeug besser in einer Kiste verstaut, aus der es nur bei Bedarf herausgeholt und dann wieder weggeräumt wird.

Tipp: Bei einem älteren Welpen kann Kinderspielzeug bereits mit einem „Nein" als für ihn tabu belegt werden.

Glatte Böden und Treppen

Glatte Böden und glatte Treppenstufen entschärfen Sie am besten mit nicht rutschenden Teppichen, um das Risiko des Ausrutschens zu minimieren. Das beugt Verletzungen am Bewegungsapparat vor. Vom weitverbreiteten Ratschlag: „Der Welpe darf die ersten Monate keine Treppen laufen, sondern muss getragen werden", halten wir persönlich nicht viel. Springen, Herumtollen, Treppen steigen und sich nach eigenem Belieben bewegen dürfen, schadet keinem gesunden Hund. Es sollte jedoch dem Alter angepasst sein und nicht übertrieben werden.

Nicht jeder Ast und nicht jedes Kraut sind bekömmlich.

Der hundetaugliche Garten

Legen Sie im Garten den Grundstein für die Definition erster grüner bzw. roter Bereiche. Dazu grenzen Sie Gemüsebeete und Blumenrabatten mit einem kleinen Zaun ab, den Sie später, wenn Ihr Weimaraner zwischen erlaubten und nicht erlaubten Bereichen unterscheiden kann, wieder entfernen können. Umzäunen Sie den Garten ausbruchsicher. Wenn vorhanden, sichern Sie Teich oder Swimmingpool, damit Ihr Welpe nicht hineinfallen kann. Später können Sie alternativ auch einen sicheren Ausgang aus dieser „Falle" schaffen. Denn fällt Ihr Hund dennoch einmal ins Wasser, sollte er sich selbst aus dieser misslichen Lage befreien können. Zeigen Sie ihm rechtzeitig, wo und wie der „Ausstieg" zu benutzen ist.

Gifte sicher verwahren

Entfernen Sie intensive Reinigungsmittel, Pestizide, Schneckenkorn und andere Giftstoffe aus seiner Reichweite, denn ein Welpe findet alles interessant.

„Gibst du mir nichts zum Zerbeissen, dann hol ich mir eben selbst was!“

Unfälle müssen nicht sein

Wie schnell etwas passieren kann, haben wir mit unseren Hunden selbst erfahren müssen. Vor vielen Jahren waren wir einmal zu Besuch bei Freunden. Auf deren Bauernhof war ein hochgiftiger Rattenring ausgelegt worden. Unser damals fünf Monate alter „Herr Quibinger“ überlebte diese Situation nur deshalb, weil er uns grundsätzlich alles, was er fand, brachte, um es gegen Futter zu tauschen. Die Vorstellung, er hätte das Gift gefressen, ist noch heute entsetzlich. Da Rattengift nicht sofort, sondern erst nach einigen Tagen zur Wirkung kommt und wir die Vergiftung sicher erst nach ein paar Tagen bemerkt hätten, wäre es dann schon zu spät gewesen.

Auch bei „Emma“ hatten wir so ein Schockerlebnis. In diesem Fall war es ein halbes Päckchen Schneckenkorn, das von uns unbemerkt und leicht erreichbar im Gartenhäuschen stehen geblieben war. Und wer denkt auch schon daran, dass ein Hund Geschmack an Schneckenkorn finden könnte! Nur weil „Emma“ uns das leer gefressene Päckchen stolz brachte und wir sofort reagierten, konnte der Tierarzt sie gerade noch retten. Als Welpe hätte sie schon bei einer kleinen Menge nicht überlebt.

Vorsicht! Denken Sie auch daran, dass es viele giftige Sträucher, Zimmer- und Gartenpflanzen gibt! Informationen dazu finden Sie im Internet oder bei Ihrem Tierarzt.

Mein Name ist „Kauteufel“

Die meisten Welpen kauen gern und viel, vor allem während des Zahnwechsels. Sie nehmen vieles auf, fressen alles Mögliche vom Boden und sind dabei nicht wählerisch. Das kann gefährlich sein. Neben all dem unappetitlichen Zeug ist auch einmal ein Stein mit

Steine oder Holzstöckchen sind zum Kauen nicht geeignet.

dabei oder das Holzstöckchen splittert beim Beknabbern und verletzt den Hund an Zahnfleisch, Kehle, Schlund, Rachen, Magen oder Darm.

Kauen muss und soll der kleine Weimaraner jedoch! Deshalb ist geeignetes Kauspielzeug zum Zerbeißen äußerst wichtig. Der Hundebedarfsartikelmarkt hält ein reichhaltiges Sortiment an speziellen Welpen-Kaudummys und Knoten bereit. Sie sollten jedoch wissen, dass auch das Benagen von Rinder- oder Büffelhautknochen unter Umständen gefährlich werden kann.

Vorsicht! Vom Rinderknochen abgeschabtes Knochenmehl kann den Darm verstopfen! Von einem Büffelhautknochen können sich größere Stückchen lösen, an der Darmwand kleben bleiben und einen Darmverschluss verursachen. Beaufsichtigen Sie Ihren Hund deshalb immer, wenn er einen Kauknochen bearbeitet.

Kleinteile und andere Fundstücke

Und wenn doch einmal etwas Falsches verschluckt wird, darf man darauf hoffen, dass der verschluckte Gegenstand zumeist seinen natürlichen Weg nimmt und am Ende wieder ausgeschieden wird. Entscheidend ist hierfür jedoch die Größe und Beschaffenheit des verschluckten Teils. Manche Plastik- oder Gummisorten mit Weichmachern werden zwar von Darmsäften angedaut und dann wieder ausgeschieden. Sie können aber auch an den Darmwänden festkleben, den Durchfluss teilweise verschließen und nur noch geringe Mengen an Nahrungsbrei passieren lassen. Wenn Sie bemerken, dass Ihr Welpe schlecht frisst und der Kot schmal oder dünn wird, gehen Sie vorsichtshalber zu Ihrem Tierarzt und lassen den Hund untersuchen. Bei Darmverschluss ist eine Operation unvermeidbar.

Wichtig! Öl kann den Darmdurchgang in seiner Gleitfähigkeit verbessern, der Hund sollte es aber selbst durch Futter oder über Wassertrinken aufnehmen. Flößen Sie es ihm nicht mit Gewalt ein, denn dann gelangt das Öl womöglich in die Luftröhre und Lunge und ruft dort schwerste Entzündungen hervor.

Wenn Sie den Welpen vor der Heimfahrt noch toben lassen, schläft er vielleicht die ganze Fahrt.

Weitere wichtige Utensilien in der Grundausstattung

Auf die Einkaufsliste (siehe Seite 84) gehören auch noch Zeckenzange, eine Bürste mit Gumminoppen für die Pflege, die Leckerlitasche für unterwegs, ein kleiner Wasserkanister, das Sicherheitsbrustgeschirr oder die Box für Autofahrten und ein Zimmerkennel.

Hundebetten

Mittlerweile gibt es ein großes Angebot an Hundebetten für jeden Geschmack und Geldbeutel. Wir haben für unsere Hunde in jedem Raum, in dem auch wir uns häufig aufhalten, jeweils einen Ruheplatz. Da gibt es die Plastikschale mit weichen Decken ausgelegt im Büro, ein warmes Filzhundebett, das man auch mal auf die Reise oder den Ansitz mitnehmen kann, ein großes weiches Kuschelkissen im Wohnzimmer und den großen Weidenflechtkorb, in dem sich die Hunde in der Bauernstube an kalten Tagen neben dem Kachelofen gern zusammenkuscheln.

Wichtig! Der Weidenflechtkorb ist für Welpen anfangs nicht zu empfehlen, da dieser mehr zum Kauen als zum Schlafen einlädt.

Abholen beim Züchter

Wenn Sie vor der Abholung Ihres Weimaraner-Welpen dem Züchter bei einem Ihrer Besuche bereits das richtige Halsband und die dazupassende Leine mitgebracht haben und der Züchter mit Ihrem Welpen die Fichtlmeiersche Anleintechnik geübt hat (siehe Seite 135), wird Ihr Grauer am Abreisetag schon freiwillig und freudig durchs Halsband schlüpfen und die Leine als Nebensache betrachten. Für die Rückreise sind Papiertücher wichtig, damit Sie auf ein eventuelles Malheur vorbereitet sind, und natürlich darf Wasser zum Schlabbern nicht fehlen. Ist der Reiseweg weit, reisen Sie besser am Abend zuvor an. So steht Ihnen der ganze nächste Tag für die Heimreise zur Verfügung. Wird der Welpe morgens nicht gefüttert, minimiert sich die Gefahr, dass ihm beim Autofahren schlecht wird.

Die Heimfahrt

Bereiten Sie sich für die Heimfahrt sorgfältig vor. In einer Kiste liegt das T-Shirt oder die Decke mit dem vertrauten Geruch aus der Wurfkiste, damit nicht alles fremd ist und der Welpe sich leichter an sein neues Umfeld

Körperkontakt und liebevolle Nähe stärken das Vertrauen des Hundes.

Tipp

Musik beruhigt

Beruhigende Musik, zum Beispiel Vivaldi, kann während der Autofahrt Wunder bewirken. Wir haben die Erfahrung gemacht, dass viele Hunde sich dabei entspannen. Diese Musik können Sie auch zu Hause auflegen, wenn Sie den Welpen für erste kurze Phasen allein lassen.

gewöhnen kann. Um die Fahrsicherheit und die Versorgung des Welpen während der Fahrt zu gewährleisten, sollten Sie in jedem Fall zu zweit anreisen. Selbstverständlich ist Ihr Fahrstil gemäßigt, denn schnelles Anfahren, scharfes Bremsen oder rasantes Kurvenfahren wird der Kleine schnell mit Übelkeit und Unruhe quittieren. Legen Sie bei längeren Fahrzeiten immer eine Pause ein, wenn Ihr kleiner Weimaraner unruhig wird. Er muss sich eventuell wegen der großen Aufregung öfter lösen. Jeglicher Stress beim Autofahren sollte vermieden werden, denn positive wie negative Erfahrungen prägen sich ein und bestimmen sein zukünftiges Verhalten beim Autofahren mit.

Zu Hause angekommen

Der erste Kontakt mit der Familie ist aufregend, weil alle den entzückenden silbergrauen Hund mit seinen himmelblauen Augen kennenlernen wollen. Jeder ist begeistert, jeder will mit ihm schmusen, ihn berühren oder auf den Arm nehmen. Das kann ihn schnell überfordern. Er wird schon durch die Fahrt und alles Neue, was er an diesem Tag erlebt hat, ziemlich geschafft sein. Mutter und Geschwister sind weg, seine vertrauten Bezugspersonen nicht mehr da.

Sind die beiden nicht zum Verlieben? Welpen „vom Stiftsblick" und „vom Hasselholz".

Gehen Sie es also langsam an, und lassen Sie ihm Zeit, sich sein neues Zuhause in Ruhe anzusehen. Gehen Sie mit ihm den Garten erkunden. Lassen Sie ihn gleich sein erstes Geschäft dort verrichten. Erst nach und nach verbringt nun jedes Familienmitglied etwas Zeit mit ihm. So können sich alle in Ruhe beschnuppern und kennenlernen. Zeigen Sie dem kleinen Vierbeiner dann seinen neuen Schlafplatz, legen Sie das mitgebrachte T-Shirt oder die Decke dorthin, damit er von einem vertrauten Geruch umgeben ist, und gönnen Sie ihm etwas Ruhe und Schlaf. Manche Welpen sind in den ersten Tagen etwas zurückhaltend. Aber keine Angst, schneller, als Ihnen vielleicht lieb ist, wird der Kleine putzmunter sein.

Die ersten Nächte

Lassen Sie Ihren Welpen in den ersten Wochen nachts nicht allein schlafen. Er braucht Nähe und Geborgenheit, denn er hat bisher noch nie allein geschlafen. Enger Körperkontakt und Nähe vermitteln Sicherheit und Vertrauen. Bei uns schläft ein Welpe in den ersten Wochen immer eng an uns gekuschelt im Arm. So erfährt er engsten Körperkontakt als etwas Positives.

Wir haben nicht die Erfahrung gemacht, dass man einen Hund, der als Welpe im Bett schlafen durfte, nicht mehr aus diesem herausbekommt.Das lässt sich mit der nötigen Konsequenz ganz einfach und schnell ändern, wenn der Hund über entsprechende Reife und Sicherheit verfügt. Nun bestimmen Sie durch Ihre Führungskompetenz ganz klar: „Jetzt ist dein Schlafplatz nur noch in deinem Hundebett!" Dann ist und bleibt das auch so. Doch beharren Sie konsequent auf dieser Entscheidung.

Sie können auch einen Hundeschlafplatz unmittelbar neben dem Bett einrichten. Gut eignet sich dafür ein Zimmerkennel oder eine Umzugskiste mit hohem Rand. Wird der Hund unruhig und will herauskrabbeln, hören Sie das. Dann strecken Sie zuerst Ihre Hand zu ihm hin und berühren ihn sanft. Oft beruhigt sich der Welpe wieder und schläft weiter. Er fühlte sich vielleicht einsam und wollte feststellen, ob Sie noch in seiner Nähe sind. Legt sich seine Unruhe nicht, ist es in aller Regel höchste Zeit aufzustehen und mit ihm rauszugehen, weil er sich lösen muss.

Stubenreinheit

Beim Züchter

Wo wird Ihr Grauer sich später bevorzugt lösen? Je nach Frühprägung beim Züchter tendiert Ihr Welpe in seinem Löseverhalten

dazu, sich unter Dach (bei reinen Hausaufzuchten) oder im Freien (Welpen hatten freien Zugang nach draußen) zu lösen. Es findet eine Prägung auf den jeweiligen Untergrund statt. Dieser kann sein: Zeitungspapier, Teppichboden, Holzdielen, Fliesen, Gartenplatten, Sand, Fell, Decken, Gras, Erde etc. Nur durch größere Anstrengung wird ein fehlgeprägter Welpe stubenrein. Lassen Sie sich von Ihrem Züchter den Aufzuchtplatz zeigen, damit Sie wissen, woran Sie sind. So werden Sie nicht ungerecht, falls es mit der Stubenreinheit nicht so schnell klappt. Der Welpe kann nur dasjenige Löseverhalten zeigen, das er in den ersten Wochen seines Lebens kennenlernt.

Stubenreinheit zu Hause

Bei optimalen Voraussetzungen erhalten Sie quasi einen „stubenreinen" Hund. Sie müssen „nur" noch darauf achten, dass Sie Ihren Welpen anfangs in relativ kurzen Zeitabständen nach draußen bringen, um die gute Vorarbeit des Züchters weiterzuführen. Der Löserhythmus muss sich bei einem acht Wochen alten Welpen erst einstellen. Blase und Darm haben noch nicht genügend Fassungsvermögen, um eine lange Nacht zu überstehen. Für die ersten Nächte heißt das: „Mindestens ein- bis zweimal aufstehen!"

Auch tagsüber müssen Sie anfangs alle ein bis zwei Stunden mit ihm raus. Ebenso nach dem Fressen, nach jeder längeren Schlafphase, nach einem Sozialspiel oder einer anderen aufregenden Sache. Und zwar wirklich jedes Mal! Außerdem muss er hinaus, wenn er mit der Nase auf dem Boden suchend im Zimmer umherläuft, und im günstigsten Fall, wenn er an der Tür steht und leise winselt. Wenn Sie ihn immer im Blickfeld haben, werden Sie bald erkennen, wann er nach draußen muss.

Wichtig! Niemals schimpfen, wenn Sie ihn nicht unmittelbar beim Pipimachen erwischen! Denn dann haben SIE es verschlafen! Wenn ein Welpe muss, muss er, und zwar sofort. Sollte das eine oder andere Malheur doch passieren, beseitigen Sie es einfach. Zum Putzen eignen sich Küchenkrepp oder alte Handtücher sowie ein Essigreiniger, der Gerüche sehr gut neutralisiert.

Gesundheitsvorsorge

Normalerweise brauchen Sie Ihren Tierarzt nur für die jährliche Gesundheitsvorsorge, die wir jedoch unbedingt empfehlen. Nachfolgend haben wir, abgesehen von einigen kurzen Bemerkungen zum Impfen, zu Parasiten und HD vor allem diejenigen Bereiche behandelt, in denen Sie selbst aktiv sein können: Ernährung, Pflege, Zähne und ein Kapitel zum Umgang mit dem Senior. Wenn Sie vorbeugend diese Vorsorge beherzigen, haben Sie lange Freude an einem gesunden Weimaraner. Es liegt also einiges in Ihrer Hand.

Vorsorge, Impfen

Der „Pikser", der Leben retten kann

Sie sollten Ihren Weimaraner vorbeugend und regelmäßig impfen lassen. Viele Krankheiten werden durch Viren oder Bakterien hervorgerufen. Bakterien können mittels Antibiotika bekämpft werden, gegen Viren gibt es leider keine wirksamen Medikamente. Bei einer Virusinfektion kann der Tierarzt deshalb nur versuchen, den Krankheitsverlauf zu mildern, um so Schlimmeres zu verhindern.

Die einzige wirksame Vorbeugung gegen Infektionen und ein unverzichtbarer Bestandteil der Krankheitsvorsorge beim Hund sind deshalb die Schutzimpfungen. Wichtig ist also die gute Grundimmunisierung bei Ihrem Weimaraner-Welpen, durch die er eine Immunität (Schutz durch Antikörper) gegen Krankheitserreger aufbaut, und die jährlichen Wiederholungsimpfungen. Jede Infektionskrankheit erfordert einen speziellen Impfstoff.

Empfohlenes Impfschema

Für ausgewachsene Hunde, die eine korrekte Grundimmunisierung haben, gilt:

Einmal jährlich Wiederholungsimpfung gegen Staupe, Hepatitis contagiosa canis (HCC), Parvovirose, Leptospirose, Tollwut, genannt SHPTL.

Impfvoraussetzung

Es sollten nur gesunde, parasitenfreie Tiere geimpft werden. Deshalb sollten Sie Ihren Hund mindestens zehn Tage vor einer Impfung entwurmen. Um einen kontinuierlichen Impfschutz zu gewährleisten, muss in regelmäßigen Abständen geimpft werden.

Grundimmunisierung des Welpen

8. Lebenswoche	Staupe, Hepatitis contagiosa canis (HCC), Parvovirose, Leptospirose
12. Lebenswoche	Staupe, Hepatitis contagiosa canis (HCC), Parvovirose, Leptospirose, Tollwut
15. Lebensmonat	1. Wiederholungsimpfung, SHPTL

IN JEDEM WEIMARANER STECKT EIN KLEINER CLOWN, DER UNS TÄGLICH EIN LÄCHELN INS GESICHT ZAUBERT.

Gila und Anton Fichtlmeier.

Parasiten

Mit jedem Frühjahr startet auch die „Saison" der Parasiten. Starker Parasitenbefall kann die Gesundheit von Hund und Mensch ernsthaft bedrohen. Man unterscheidet zwischen Endoparasiten, die sich im Körperinneren, und Ektoparasiten, die sich auf der Körperoberfläche ansiedeln.

Endoparasiten

Häufig anzutreffende Endoparasiten sind Wurmarten wie Spul-, Haken- oder Bandwürmer und Giardien (Einzeller). Würmer entziehen Nährstoffe und belasten den Stoffwechsel. Welpen sind hier besonders gefährdet, denn ihr Abwehrsystem ist noch nicht voll ausgebildet. Zur Prophylaxe ist es daher ratsam, einen Welpen, beginnend mit der 6. Woche bis zum Alter von 12 Monaten, in 6- bis 8-wöchigem Abstand zu entwurmen, im Erwachsenenalter dann nur noch halbjährlich.

Einige Wurmarten sind auch auf den Menschen übertragbar und können ernsthafte Erkrankungen wie Fieber, Muskel- und Gelenkschmerzen oder allergische Reaktionen hervorrufen. Insbesondere wegen der Gefährlichkeit des Hunde- und Fuchsbandwurms für den Menschen sollte jeder Hund regelmäßig entwurmt werden.

Ektoparasiten

Die häufigsten Ektoparasiten des Hundes sind Haarlinge, Milben, Flöhe und Zecken. Auch hier ist Vorsorge überaus wichtig, da einige dieser Parasiten nicht nur auf Hunde, sondern unter Umständen auch auf den Menschen gefährliche Krankheiten übertragen können.

Haarlinge

1 – 2 mm große, flügellose Insekten. Sie verursachen Juckreiz und Veränderungen am Fell und auf der Haut. Wirksame Bekämpfung ist durch Flohtropfen möglich.

Milben

Es gibt zahlreiche Arten. Nachweis durch ein Hautgeschabsel. Diagnose und Behandlung gehören in jedem Fall in die Hände eines Tierarztes.
Bekannte Arten sind:

- Herbstgrasmilbe
- Raubmilbe
- Ohrmilbe
- Sarcoptes- oder Grabmilbe (hoch infektiös für Artgenossen)
- Demodexmilbe oder Haarbalgmilbe (Behandlung langwierig und schwierig)

Flöhe

Sie verursachen heftigen Juckreiz und nicht selten Allergien, beispielsweise die Flohstichallergie. Sie übertragen Bandwürmer und vermutlich auch Viruserkrankungen. Ein mit Flöhen befallener Hund kratzt sich häufig. Bestätigt sich der Verdacht eines Flohbefalls, müssen sofort alle Tiere im Haus zuerst entfloht und anschließend entwurmt werden. Zudem ist eine mehrfache, komplette Säuberung der Umgebung zur Entfernung aller Eier, Larven und Puppen dringend anzuraten.

Wichtig! Die Flohbekämpfung muss sich immer über einen längeren Zeitraum erstrecken.

Zecken

Zecken halten sich in Gras, Büschen oder Unterholz auf und gelangen durch Abstreifen auf ihren Wirt. Einmal festgebissen beginnt die Zecke sofort mit der Einleitung der Erreger, die sich in ihrem Speichel befinden. Lediglich die Borrelien werden erst nach ca. 12 – 24 Stunden über den Speichel in die Bissstelle eingeleitet. Man nimmt an, dass heute jede fünfte ausgewachsene Zecke mit Borreliose-Erregern infiziert ist und damit eine potenzielle Gefahr für Mensch und Hund darstellt.

Die Wirkung der häufig angebotenen Hunde-Zeckenschutzimpfung ist umstritten, besser sind daher Schutzmaßnahmen gegen Zecken- und Flohbefall mit vorbeugenden Spot-on-Präparaten, die auf die Nackenhaut verteilt werden, sowie das manuelle Absuchen nach Zecken am Hund.

Zecken halten sich vor allem auf Gräsern auf, suchen Sie deshalb nach jedem Spaziergang das Hundefell ab.

Wenn doch eine Zecke zugebissen hat, sollte sie sofort mit einer speziellen Zeckenzange vorsichtig und als Ganzes aus der Haut entfernt werden.

Wichtig! Töten Sie die Zecke vor dem Entfernen nicht mit Öl, Klebstoff oder anderen Flüssigkeiten ab, weil dies zu einer sofortigen Entleerung ihres Darminhalts führt, wodurch auch noch alle bislang nicht übertragenen Erreger in die Bissstelle gelangen.

Zecken und ihre Krankheitserreger

Überträger: Gemeiner Holzbock

- Lyme-Borreliose: Durch Bakterien ausgelöste Infektionskrankheit, bei der Organe, Nervensystem, Gelenke und Gewebe betroffen sein können. Die Erkrankung kommt auch bei Menschen und anderen Säugetieren vor.
- Anaplasmen: Infektionskrankheit, bei der die Bakterien bestimmte Typen weißer Blutkörperchen zerstören.
- FSME (Frühsommer-Meningoenzephalitis): Spezifische Form der Hirnhautentzündung, verursacht durch das FSME-Virus.

Überträger: Braune Hundezecke und/oder Auwaldzecke

- Ehrlichiose: Bakterielle Infektionskrankheit, bei der die Erreger die weißen Blutkörperchen befallen.
- Babesiose: Blutparasiten, die Hundemalaria auslösen. Endet ohne Behandlung binnen weniger Tage tödlich!

Hüftgelenkdysplasie

Auch beim Weimaraner kennt man die Problematik einer erblichen Disposition für die Hüftgelenkdysplasie (HD), eine Fehlbildung der Hüftgelenke, bei der die beiden das Gelenk bildenden Knochen, Gelenkpfanne und Oberschenkelkopf, nicht richtig zusammenpassen.

Verschiedene Umweltfaktoren können sich zusätzlich negativ auf das Krankheitsbild auswirken, wie zum Beispiel Übergewicht oder eine Überbeanspruchung der Gelenke. Vor dem Erreichen des 12. Lebensmonats sollten Sie Ihren Junghund nicht täglich lange Strecken beim Joggen, neben dem Rad oder am Pferd nebenherlaufen lassen. Umgekehrt sollten Sie Ihren jungen Weimaraner aber auch nicht zu sehr schonen und seinen Auslauf reduzieren! Normale Bewegung, Spielen mit Artgenossen und interessant gestaltete Spaziergänge mit spannenden Aufgaben schaden ihm mit Sicherheit nicht. Regelmäßige Belastung ist sogar notwendig für die Ernährung des Gelenkknorpels.

Für den erwachsenen Weimaraner ist regelmäßiger und ausgiebiger Auslauf wichtig.

Diagnose

Zur Diagnose einer HD wird eine Röntgenaufnahme des Hüftgelenks erstellt, die unter Narkose angefertigt wird. Der Hund sollte dabei mindestens zwölf Monate alt sein.

Behandlung

Eine HD entwickelt sich in den ersten 15 Lebensmonaten, später verändert sich nur noch das Ausmaß der Arthrose. HD kann

ein- oder beidseitig auftreten und unterschiedlich stark ausgeprägt sein. HD kann zwar behandelt und die Schmerzen mit Medikamenten gelindert werden, aber eine dauerhafte Heilung ist nicht möglich. Bei der HD werden fünf Schweregrade unterschieden:

HD-Schweregrade

- HD-A = HD-Frei
- HD-B = HD-Verdacht
- HD-C = leichte HD
- HD-D = mittlere HD
- HD-E = schwere HD

HD in der Zucht

Der Weimaranerklub lässt seit 1995 Hündinnen ab einer HD-C (= leichte HD) nicht mehr zur Zucht zu. Um eine möglichst wirksame Vorbeugung durch Verpaarung gesunder Elterntiere zu gewährleisten, ist eine HD-Untersuchung für die Zuchtzulassung heute Pflicht. Untersucht werden ca. 30 % der pro Jahr gewölften Hunde. Laut Statistik des Klubs haben seit 2007 über 90 % der auf HD untersuchten Hunde HD-A oder HD-B.

Diese Zahlen sollte man jedoch mit Vorbehalt betrachten. Langfristig lassen sich über die Hüftgelenkqualität der Weimaraner nur dann relevante Aussagen treffen, wenn auch die Nachkommen der jeweiligen Paarungen breitflächig überprüft worden sind.

Auf dem freien Hundemarkt werden meist zufällige Verpaarungen vorgenommen und die genetischen Veranlagungen nur selten berücksichtigt.

Gesunde Ernährung für den Weimaraner

Ständig erscheinen Bücher mit neuen Erkenntnissen zum Thema Ernährung: Das Einmaleins der Ernährung, die gesunde, die richtige, die biologische, die vegetarische, die artgerechte, die natürliche Hundeernährung und vieles mehr. So hat man als Hundehalter heute nicht nur die Qual der Wahl, das richtige Erziehungskonzept zu finden, sondern auch ein überreichliches Angebot an Hundefuttersorten aller Couleur.

Wichtige Kriterien

Ein wesentliches Kriterium für die Beurteilung der Qualität einer Ernährungsweise ist die Ausgewogenheit der wichtigsten Nährstoffe. Zudem müssen bei der Wahl des Futters individuell die Größe, das Alter, der Gesundheitszustand und der Energiebedarf des jeweiligen Hundes berücksichtigt werden.

So hat zum Beispiel ein Weimaraner, der viel in den jagdlichen Einsatz kommt, einen höheren Energiebedarf im Vergleich zu einem Familienhund, der nur gemütlich Gassi geführt wird. Dieser erhöhte Energiebedarf sollte durch hohen Energiegehalt und hohe Verwertbarkeit des gewählten Futters abgedeckt werden.

Übergroßes Angebot an Futterarten

Das große Angebot, das zur Verfügung steht, erschwert dem Hundehalter die Auswahl des richtigen Futters. Es gibt Hundefutter in allen möglichen Geschmacksrichtungen und Zusammensetzungen für unterschiedliche Altersstufen und Gesundheitszustände als Trocken- und Nassfutter. Wir haben vor 40 Jahren günstiges Dosenfutter und in großen Mengen Pansen, Rinderschlund und

Wichtige Grundregeln zum Füttern

Vermeiden Sie das Füttern von:

- Essensresten,
- gewürzten Speiseresten,
- fetten Speiseresten,
- jeglichen Süßigkeiten wie zum Beispiel Sahne, Kuchen, Schokolade, Eiscreme.
- Geflügelknochen.

Außerdem gilt:

- Immer reichlich frisches Trinkwasser zur Verfügung stellen. Vor allem Trockenfutter macht durstig!
- Futter- und Wassernäpfe immer gründlich reinigen.
- Nach dem Füttern eine Ruhepause einlegen.

Beobachten Sie Ihren Hund, ob:

- die Rippen nicht zu sehen, jedoch leicht zu ertasten sind, dann hat er auch das richtige Gewicht,
- sein Fell glänzt,
- die Verdauung in Ordnung ist (der Kot sollte gleichmäßig fest sein, nicht unangenehm riechen und annähernd dieselbe Farbe haben),
- er seinem Alter entsprechend fit ist.

Kalbsknochen verfüttert und hatten immer gesunde, aktive Hunde mit glänzendem Fell. Heute neigen viele Hunde, leider auch unsere „Emma", zu Futtermittelunverträglichkeiten, damit ist „richtiges" Füttern zu einer echten Wissenschaft geworden. Es ist empfehlenswert, sich ernährungsphysiologisches Grundwissen anzueignen, um sich so leichter im nahezu unendlichen Futterangebot zurechtzufinden.

Der Hund bringt sein Dummy gern, wenn er im Tausch dafür ein Futterstückchen bekommt. Das fördert sowohl das Überlassen der Beute als auch freudiges Herankommen.

Futterumstellung

Müssen oder wollen Sie auf neues Futter umstellen, bedenken Sie, dass eine Futterumstellung von einem Tag auf den anderen bei vielen Hunden zu Unverträglichkeitsreaktionen führen kann, die sich zum Beispiel als Durchfall zeigen. Geben Sie Ihrem Hund für eine Futterumstellung mindestens eine Woche Zeit. Mischen Sie zuerst ein bisschen des neuen Futtermittels unter das gewohnte und erhöhen Sie dann schrittweise den Anteil des neuen Futtermittels. Abgesehen von einer gesundheits- oder altersbedingten Futterumstellung benötigt ein Hund keine große Abwechslung in der Ernährung.

Rohes Schweinefleisch

Vorsicht! Ein Hund kann durch rohes Fleisch, Mettwurst, Salami und rohen Schinken vom Schwein an der Aujeszkyschen Krankheit (anzeigepflichtige Tierseuche) erkranken. Infiziert sich der Hund mit dem Aujeszkyvirus, kommt es in sehr kurzer Zeit zu einer Gehirn- und Rückenmarksentzündung mit zentralnervösen Erscheinungen, starkem Juckreiz und innerhalb von 24 – 48 Stunden zum Tod des Tieres. Eine Chance auf Heilung besteht nicht. Gehen Sie besser kein Risiko ein!

Anzahl der Mahlzeiten pro Tag

Um die Anzahl der Mahlzeiten festzulegen, kann man Hunde grob in drei Altersgruppen einteilen: Welpen/Junghunde, erwachsene Hunde und Senioren. Bei einem Welpen im Alter von 8 bis 16 Wochen ist es empfehlenswert, viermal pro Tag kleine Portionen zu füttern. Ab dem Zahnwechsel im Junghundealter können Sie die Anzahl der Mahlzeiten dann zuerst auf drei und schließlich in einem Alter von ca. 10 bis 12 Monaten auf zweimal pro Tag verringern. Wir füttern unsere Hunde morgens und abends, jedoch immer erst nach einem Spaziergang, nicht davor. Anschließend ist Ruhezeit angesagt!

„Was war zuerst da? Futterstück oder Dummy?"

Handfütterung

Bei allen Hunden, egal welchen Alters, hat es sich als vorteilhaft erwiesen, zwischendurch immer wieder auf Handfütterung umzustellen. Dies erleichtert es Ihnen, das Interesse Ihres Weimaraners an Ihrem Tun zu wecken, zu fördern und zu erhalten. So kann Ihr Silbergrauer sich Stückchen für Stückchen seine Tagesration an Futter verdienen, indem er auf jedes Heranrufen sofort herangesaust kommt oder ein Dummy apportiert, wofür er ein Futterstückchen als Belohnung erhält.

Fütterung alter Hunde

Bei alten Hunden verändert sich der Stoffwechsel. Sie bewegen sich weniger, schlafen mehr und brauchen deshalb weniger Energie als junge Hunde. Übergewicht ist leider im Alter ein häufiges Problem, das zu einer zusätzlichen Belastung von Knochen, Gelenken und dem Herz-Kreislauf-System führt. Die Veränderung von Lebensstil und physiologischen Vorgängen erfordert jetzt eine Futterumstellung. So macht es Sinn, die Futtermenge sowie den Fettgehalt im Futter für ältere Hunde zu reduzieren und besonders darauf zu achten, dass es ausreichend lebensnotwendige Aminosäuren, hochwertiges Eiweiß, Vitamine und Mineralstoffe enthält und leicht verdaulich ist. Auch hier ist es empfehlenswert, mindestens zwei- bis dreimal täglich kleinere Portionen Futter anzubieten. Trockenfutter können Sie für Ihren alten Weimaraner auch einweichen. Für altersbedingte Krankheiten gibt es neben den notwendigen Medikamenten auch spezielle Diäten (zum Beispiel Nieren- oder Magendiät).

Die richtige Pflege

Die Körper- und Fellpflege eines Weimaraners ist weder kompliziert noch zeitaufwendig. Sie sollte aber regelmäßig erfolgen. Ausgewogene Fütterung und gute Pflege helfen mit, den Hund gesund und sein Immunsystem stabil zu halten. Die Körper- und Fellpflege ist nicht nur für Sauberkeit und Gesunderhaltung nötig. Sie ist auch eine Übung, bei der der Graue lernt, sich überall, auch an sensiblen Stellen, anfassen zu lassen, und sich auf die Seite oder den Rücken zu legen und vertrauensvoll stillzuhalten. Das fördert und intensiviert die Hund-Mensch-Beziehung. Diese Vorbereitung kann sich außerdem in einer Notfallsituation, die eine Behandlung durch den Tierarzt notwendig macht, als sehr nützlich erweisen.

Fellpflege

Die beste Fellpflege für Ihren Weimaraner ist eine ausgewogene Ernährung mit ausreichend Mineralstoffen, Vitaminen und Spurenelementen. Gesundes Aussehen und glänzendes Fell sind das Ergebnis. Regelmäßiges Bürsten des Fells fördert die Durchblutung, entfernt Schmutzpartikel, abgestorbene Hautschuppen und lose Fellhaare. Auch steigert es das Wohlbefinden des Hundes. Für den Langhaar- wie auch für den Kurzhaar-Weimaraner sollten Sie sich für die Fellpflege alle ein bis zwei Tage etwa fünf Minuten Zeit nehmen, wobei der Langhaar-Weimaraner etwas ausgiebiger gebürstet wird.

Um feine Hautverletzungen zu vermeiden, raten wir bei der Fellpflege von der Verwendung scharfkantiger Metallstriegel ab. Gut geeignet sind Bürsten mit weichen Naturhaarborsten. Wir bürsten am liebsten mit einem Fellpflegehandschuh mit Gumminoppen oder massieren den Hund nur mit den Händen. Nach einem ausgiebigen Spaziergang im Regen trocknen und frottieren wir das Fell mit einem Frotteehandtuch.

Alle unsere Hunde genießen diese Fellpflege und sie bietet uns die Gelegenheit, eine angenehme Zeit mit ihnen zu verbringen und sie gleichzeitig auf Parasitenbefall oder eventuelle Hautveränderungen zu untersuchen.

Baden

Der Fettgehalt des Hundefells schützt sowohl das Haar als auch die Haut vor Nässe, Kälte und auch vor Schmutz. Vor allem beim Kurzhaar-Weimaraner kann Schmutz im Fell ganz einfach durch Abrubbeln und, wenn es trocken ist, durch Bürsten entfernt werden.

Regelmäßige Pflege wie Bürsten, Untersuchen der Hundepfoten und Augenpflege intensivieren auch die Mensch-Hund-Beziehung.

Sehr hartnäckigen Schmutz können Sie in der Dusche oder mit dem sanften Strahl aus dem Gartenschlauch abwaschen. Anschließend wird der Hund gründlich trocken frottiert.

Hat Ihr Weimaraner sich in Kot oder Aas gewälzt, dann verwenden Sie bitte immer nur spezielles Hundeshampoo, das Sie anschließend gründlich aus dem Fell auswaschen. Wasser oder Shampoo sollten nicht in die Ohren oder Augen gelangen, sonst wird Ihr Silbergrauer diese Prozedur nicht allzu oft über sich ergehen lassen.

Wichtig! Kein Hund muss regelmäßig mit Shampoo gebadet werden! Zu viel Chemie auf der Haut kann zu Überempfindlichkeitsreaktionen führen. Das Haar wird dann stumpf und glanzlos, die Haut trocken und schuppig, Juckreiz kann entstehen. Durch chemische Stoffe wird das Hautmilieu geschädigt, genauer gesagt die bakteriellen Symbionten, die auf einer gesunden Haut leben sollten. Nicht selten sind allergische Reaktionen die Folge.

Augenpflege

Augen sind ein Spiegel der Gesundheit. An ihnen kann man oft beginnende Erkrankungen erkennen. Das heißt konkret: auf klare Augen achten. Wenn sich Augensekret in der Tasche des unteren Augenlids ansammelt, wird dies vorsichtig mit einem Läppchen oder einem feuchten Papiertaschentuch entfernt. Hat der Graue gerötete Lidschleimhäute oder dickflüssigen eitrigen Ausfluss, könnte es sich um eine bakterielle Infektion handeln. Wenn die Symptome innerhalb weniger Tage noch vorhanden sind, experimentieren Sie nicht lange herum, sondern gehen Sie zu einem Fachtierarzt für Augenheilkunde, um eine chronische Erkrankung zu vermeiden.

Das sollten Sie außerdem wissen: Damit Ihr Weimaraner sich keine Augenentzündung zuzieht, achten Sie bitte darauf, ihn keiner Zugluft auszusetzen, wie beispielsweise durch ein offenes Fenster am Schlafplatz oder im Auto. Vorsicht auch mit Klimaanlagen!

Hundeschuhe schützen im Winter die Pfoten vor Streusalz.

Ohrenpflege

Wie viele Hunde mit hängenden Ohren ist auch der Weimaraner empfänglich für Entzündungen des äußeren Gehörgangs, auch Ohrenzwang genannt. Um dem vorzubeugen, sollten die Ohren stets sauber sein. Findet man im äußeren Gehörgang einen braunen Belag, wird dieser mit einem Papiertaschentuch oder feuchten Wattepad gesäubert. Von der Verwendung eines Wattestäbchens ist abzuraten, da durch eine plötzliche Bewegung des Kopfes Verletzungsgefahr besteht.

Wichtig! Kontrollieren Sie die Weimaraner-Ohren regelmäßig etwa einmal pro Woche!

Wann geht's zum Tierarzt?

Ein Tierarztbesuch ist angeraten, wenn Ihr Weimaraner den Kopf häufig schüttelt, am Ohr kratzt, oder den Kopf schief hält. Gesunde Ohren riechen gut, die unseres „Herrn Quibinger" rochen süß wie Honig. Ungewöhnlicher Geruch ist ein deutlicher Hinweis auf eine Entzündung oder Ohrmilben. Bei Weimaranern mit empfindlichen Ohren sollten die äußeren Gehörgänge trocken getupft werden, wenn sie nass geworden sind, damit sich keine Mittelohrentzündung einstellt.

Entzündungen am Ohr sind für einen Hund sehr schmerzhaft. Die Ohren und der ganze Kopf werden berührungsempfindlich. Manche Weimaraner neigen dann bei Berührung am Kopf zum Knurren und in schlimmeren Fällen zum Wegschnappen oder Beißen.

Pfoten- und Krallenpflege

Eine Kralle kann leicht ein- oder abreißen, ein Ballen verletzt, die Zehenzwischenräume von Milben befallen oder entzündet sein. Machen Sie Ihren Weimaraner von klein auf mit der Pfoten- und Krallenpflege vertraut, da diese immer wieder notwendig sein wird.

Der Hund lernt zuerst, ruhig liegen zu bleiben. Dabei halten Sie eine Pfote in der Hand und untersuchen ruhig und ausgiebig jeden einzelnen Ballen, die Zwischenräume, dann jede einzelne Kralle.

Krallen schneiden

Erst wenn Ihr Weimaraner das Untersuchen der Pfoten entspannt mit sich machen lässt, beginnen Sie, falls nötig, mit dem Schneiden der Krallen. Verwenden Sie dazu eine spezielle

„Emma" liebt Schnee!

Krallenzange. Die gibt es in jedem Tierbedarfsmarkt. Die Kralle wird zum Schneiden durch ein Loch in der Zange gesteckt und von unten her abgeschnitten.

Wichtig! Sehen Sie sich insbesondere bei dunkelfarbigen Krallen die Kralle zuvor genau an. Das sogenannte „Leben", ein Blutgefäß innerhalb der Kralle, darf auf keinen Fall verletzt werden. Wird es verletzt, blutet es stark und bereitet dem Hund große Schmerzen, da es auch Nervenenden enthält. Besser ist es, die Kralle Stück für Stück zu kürzen. Regelmäßige Bewegung auf festem Boden kann die Krallen Ihres Weimaraners kurz halten. Ob sich die Krallen beim Laufen jedoch ausreichend von selbst kürzen, ist abhängig von der Pfotenstellung.

Hundeballen

Streusalz im Winter, feiner Splitt, langes Laufen auf einer Teerstraße, Dornen oder spitze Steine können den Hundeballen sehr zusetzen. Bei Bedarf empfehlen sich gründliches Abwaschen der Pfoten mit lauwarmem Wasser und sorgfältiges Trockentupfen, vor allem zwischen den Ballen- und Zehenzwischenräumen. Anschließend können Sie die Pfoten mit einer pflegenden Salbe, z. B. Melkfett, spezielles Pfotenfett oder Ringelblumensalbe einreiben. Zu häufiger Salbeneinsatz kann allerdings die Pfoten aufweichen und die Empfindlichkeit erhöhen. Läuft der Hund häufig weite Strecken auf rauem Untergrund, empfiehlt es sich, die Ballen durch spezielle Hundelaufschuhe zu schützen.

Zähne und Zahngesundheit

Ein oft vernachlässigtes Thema sind die Gesundheit von Zähnen und Gebiss des Hundes. Mithilfe seiner Kiefer und Zähne nimmt der Graue seine Nahrung auf, greift und hält Gegenstände, beknabbert damit das eigene Fell und das seiner Sozialpartner. Er benützt seine Zähne auch als Ausdrucksmittel in der Kommunikation mit Artgenossen und dem Menschen. Aber das Wichtigste: Die Mundgesundheit Ihres Weimaraners hat einen hohen Anteil an der Erhaltung seiner allgemeinen Gesundheit und damit an seiner Lebensqualität.

Milchzähne und Zahnwechsel

Im Alter von drei bis sechs Wochen bekommt der Welpe seine ersten Zähne, die sogenannten Milchzähne. Zu diesem Zeitpunkt sind sie in ihrer Größe seiner Schädel- bzw. Kiefergröße angepasst. Milchzähne sind kleiner als die später durchbrechenden Zähne, die ja dann den Anforderungen des ausgewachsenen Hundes genügen müssen. Der Hund hat 28 Milchzähne, bestehend aus drei Schneidezähnen, je einem Eckzahn und drei Milchbackenzähnen pro Ober- und Unterkieferseite.

Auch wenn Milchzähne nur eine kurze Verweildauer in der Mundhöhle haben, ist ein abgebrochener Milchzahn dennoch keine Lappalie. Er kann die Mundgesundheit der späteren bleibenden Zähne entscheidend mitbeeinflussen. Es kann jedoch auch vorkommen, dass ein Milchzahn für eine kurze Zeit neben dem nachwachsenden bleibenden Zahn in der Mundhöhle stehen bleibt, ohne dass dies bereits krankhaft wäre. Jedoch sollte der Milchzahn seinen Platz bei Fortschreiten des Durchbruchs des zweiten bleibenden Zahns verlassen, um einen Engstand sowie eine Fehlstellung des nachwachsenden Zahns zu vermeiden. Der Wechsel vom Milchzahn zum bleibenden Zahn wird dadurch möglich, dass Körperzellen, die in der Lage sind, Zahnsubstanz abzubauen, die Milchzahnwurzeln nach und nach auflösen. Dadurch können die neuen bleibenden Zähne die Milchzahnkronen aus dem Kiefer schieben. Ist der Vorgang des Zahnwechsels jedoch gestört und verbleiben die Milchzähne im Kiefer, dann behindern sie die korrekte Stellung der bleibenden Zähne, da sie deren Platz besetzt halten. Hierbei kann es unter Umständen zu Schmerzen, Störungen der Schmelz- und Dentinproduktion, zu einer Missbildung, einer Zahnfehlstellung oder im schlimmsten Fall zum Absterben des bleibenden Zahns kommen.

Etwa in der 14. bis 15. Lebenswoche beginnt der Zahnwechsel. Üblicherweise wird der Milchzahn vom nachwachsenden zweiten Zahn hinausgedrängt und fällt einfach aus.

Die bleibenden Zähne

Von den zweiten, bleibenden Zähnen besitzt der Hund 42, davon 20 im Oberkiefer und 22 im Unterkiefer. Die Anordnung der Zähne entspricht ihrer Funktion. Mithilfe des Hundegebisses muss der Hund vor allem die Beute fangen und zerreißen. Die Eckzähne sind deshalb groß. Sie dienen neben der

Auch die Hundezähne sollten gepflegt werden.

Futteraufnahme auch als Greif- oder Verteidigungsorgane. Mit den Schneidezähnen kann der Hund Stücke aus der Beute reißen. Das Kiefergelenk als Scharniergelenk lässt kaum seitliche und kauende Bewegungen zu, deshalb werden Futterbrocken meist ungekaut in großen Stücken geschluckt. Nur sehr große oder harte und trockene Futterbestandteile werden zerkleinert. Knochen zerkleinert der Hund mit den Spitzen der Backenzähne.

Zahnerkrankung: Parodontitis

Die Parodontitis ist eine Entzündung des Zahnhalteapparats (Parodont). Sie beginnt oft im Alter von zwei Jahren und zeigt bei Hunden mittleren Alters bereits eine fortgeschrittene Zerstörung des Zahnhalteapparats. Der Verlauf hat einen chronischen und schleichenden Charakter und wird vielfach erst spät bzw. zu spät bemerkt.

Entstehung der Parodontitis

Die Mundhöhle des Hundes stellt einen geeigneten Aufenthaltsort für ein großes Spektrum an Bakterien dar. Durch schmierige Ablagerungen, wie Futterreste, Speichel und Bakterien, bilden sich Zahnbeläge (Plaque), die die eigentliche Ursache für Parodontitis sind. In den tiefen, sauerstoffarmen Schichten der Zahnbeläge können krank machende Bakterien besonders gut wachsen. Haftet der Zahnbelag über längere Zeit ungestört am Zahn, nimmt er mineralische Bestandteile aus dem Speichel auf und wird hart. Die Folge ist Zahnstein. Zahnstein ist jedoch nicht der Auslöser einer Parodontitis, sondern ein begleitendes Symptom.

Ausgelöst wird die Parodontitis durch die Bakterien der weichen Beläge. Der einmal begonnene Zerstörungsprozess schreitet immer schneller voran. Entzündetes Zahnfleisch zieht sich zurück, die parodontalen Taschen werden tiefer, Bakterien können sich leichter einnisten, Zahnbelag und Zahnstein mehren sich. Ist es einmal zu einer Zerstörung des Zahnhalteapparats gekommen, besteht das Ziel in der Erhaltung der zu diesem Zeitpunkt noch gesunden Strukturen. Ein Wiederaufbau des zerstörten knöchernen Zahnhalteapparats ist ein äußerst schwieriges Unterfangen, nicht unmöglich, jedoch mit sehr großem Aufwand verbunden. Das primäre Ziel sollte also die Vermeidung dieser Zerstörungsvorgänge sein.

Mit etwas Geduld lernt jeder Hund, sich die Zähne putzen zu lassen.

Achtung: Nebenwirkung!

Die Nebenwirkungen einer Parodontitis sollten Sie nicht unterschätzen. Beständige Entzündungsherde in der Mundhöhle können sich auf das allgemeine Wohlbefinden und die Gesundheit Ihres Hundes auswirken. Folgeerscheinungen einer Parodontalerkrankung können Schädigungen an Herz, Leber, Nieren, Lunge und Gelenken sein.

Parodontitis erkennen

Anzeichen für eine beginnende Parodontitis sind:

- Mundgeruch
- Zahnbelag, Zahnstein, gerötetes Zahnfleisch bis hin zu Zahnfleischbluten
- zurückgehendes Zahnfleisch
- Nasenausfluss
- Schwellungen am Kieferknochen
- Kopfscheuheit

Diagnose und Behandlung

Um eine eventuelle Erkrankung zu diagnostizieren, gibt es spezielle Zahnuntersuchungen. Erst nachdem diese Untersuchungen gemacht wurden, kann eine klare Diagnose gestellt und eine Beurteilung des Krankheitsbildes im Gesamtzusammenhang vorgenommen werden. Die kompetenteste Hilfe bietet dabei ein Fachtierarzt für Tierzahnheilkunde.

Eine kosmetische Säuberung der Zahnkrone genügt leider nicht, um eine Parodontitis zu stoppen. Die Behandlung muss an der tiefer liegenden Zahnwurzel erfolgen, um die lokalen Entzündungsherde zu stoppen und zu beseitigen und den Zahnhalteapparat zu regenerieren, falls dies noch möglich ist. Ebenso wichtig ist, die postoperative Nachsorge bis zur vollständigen Entzündungsfreiheit durchzuhalten und eine dauerhafte Zahnpflege beim Hund vorzunehmen. Auf diese Weise können Sie wieder einen guten Allgemeinzustand des Hundes erreichen.

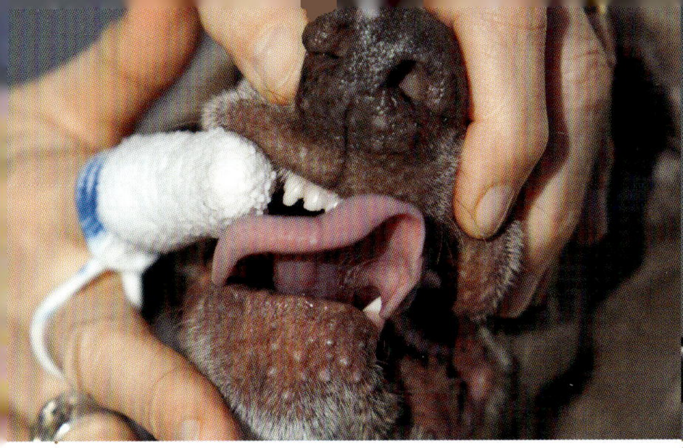
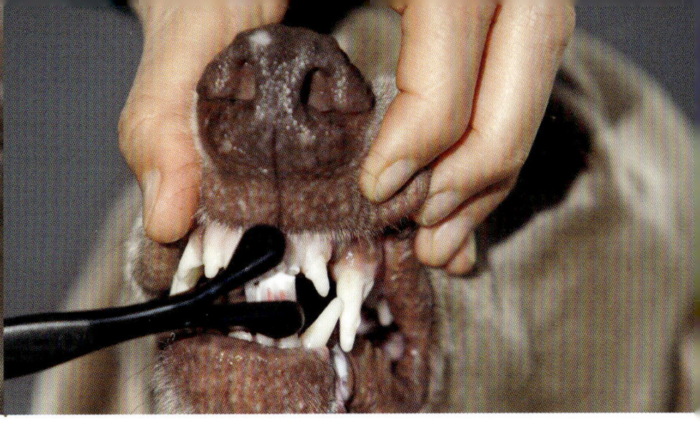

Vorbeugende Zahnpflege

Das Putzen der Zähne beim Hund ist ein gutes Mittel, das Auftreten einer Parodontitis zu verhindern. Die Entzündung des Zahnhalteapparats gehört zu den häufigsten Erkrankungen des Hundes überhaupt. Vier von fünf Hunden sind davon betroffen. Die Gefahr von Folgekrankheiten und damit eine Verschlechterung des gesundheitlichen Allgemeinzustands gilt es zu vermeiden.

Zähneputzen – eine gute Übungsaufgabe

Die positive Gewöhnung an das Zähneputzen ist die Voraussetzung für eine erfolgreiche Zahnprophylaxe. Sehen Sie das Zähneputzen als Übungsfeld und machen Sie daraus eine positive Kontaktübung. Ihr Welpe lernt dabei, sich vertrauensvoll am Kopf und damit auch am und im Maul anfassen zu lassen. Auch beim älteren Hund dient es zur Verbesserung seiner Sozialverträglichkeit hinsichtlich eines Sich-prinzipiell-überall-anfassen-Lassens. Gehen Sie folgendermaßen beim Putzen vor:

1. Gewöhnung an eine gut schmeckende Zahnpasta, zum Beispiel mit Hühnchen- oder Fischgeschmack. Über einige Tage wird die Zahnpasta auf dem Finger zum Ablecken angeboten oder auf die Zunge oder an die Lefze gebracht.
2. Unter Verwendung eines speziellen Fingerlings oder einer speziellen Hundezahnbürste beginnen Sie zuerst bei noch geschlossenen Kiefern, das Zahnfleisch zu massieren, später die Beläge an den Außenzähnen durch leichte Hin- und Herbewegung zu lockern und sie durch Wischen am Zahnfleisch beginnend in Richtung Zahnspitze zu entfernen. Mit viel Ruhe, viel Belohnung und Schmusen zwischendurch üben Sie dies über mehrere Wochen, bis der Hund dieses tägliche Ritual angenommen hat.
3. Die Reinigung der Außenzähne erweitern Sie nun auf die Zahninnenflächen.

Wie oft putzen? Gradmesser für die Häufigkeit des Zähneputzens sind Zähne ohne Belag und ein gesundes rosafarbenes Zahnfleisch. Mag Ihr Weimaraner das Zähneputzen, können Sie seine Zähne zwei- bis dreimal pro Woche putzen. Achten Sie darauf, dass nach dem Putzen keine schmierig weißlichen Reste mehr vorhanden sind. Fängt das Zahnfleisch immer wieder zu bluten an, deutet das auf einen Entzündungsherd hin. Intensivieren Sie dann erst einmal das Putzen. Blutet es weiter, suchen Sie Ihren Tierarzt auf.

Die Selbstreinigung der Zähne hängt vor allem von der Kauaktivität Ihres Hundes ab. Wird viel gekaut, wird der Speichelfluss aktiviert und die Zähne bleiben sauber. Wenn Ihr Hund das Zähneputzen als zusätzliche Zuwendung erfährt, wird er es positiv annehmen und genießen.

Der Senior

Wir haben dem älteren Weimaraner und dem Weimaraner-Opa ein Extrakapitel gewidmet, weil er andere Bedürfnisse hat, als der junge oder erwachsene Graue. Wenn Sie diesen Bedürfnissen Rechnung tragen, dann wird auch Ihr älter werdender Weimaraner Freude am Leben haben und Sie damit an ihm. Wir können Ihnen nur wünschen, dass Sie das Glück haben zu erleben, wie Ihr Weimaraner mit Lebensfreude alt wird, so wie wir es mit unserem „Herrn Quibinger" erleben durften.

Altern und Lebenserwartung

Der Übergang vom Erwachsenen- zum Seniorenalter geschieht meist unbemerkt und fließend, denn Hunde werden nicht von einem Tag auf den anderen alt. Altern ist ein natürlicher und komplexer Vorgang, den man leider nicht verhindern, aber doch deutlich verlangsamen kann.

Die durchschnittliche Lebenserwartung des Weimaraners beträgt etwa 10 bis 14 Jahre. Unser Rüde „Herr Quibinger" begleitete uns bis zum stolzen Alter von 15 Jahren. „Maggy", „Emmas" Mutter, ist heute mit ihren 12 Jahren noch sehr zuverlässig und passioniert im Jagdgebrauch tätig, und der älteste Weimaraner, von dem wir hörten, soll 18 Jahre alt geworden sein.

Die individuelle Lebenserwartung eines Hundes hängt neben angeborenen, also genetischen Faktoren auch von den Haltungsbedingungen ab. Zum Beispiel verschleißen manche Jagdhunde durch Zwingerhaltung oder gedankenlosen Einsatz (beispielsweise Wasserarbeit bei extremer Kälte) und werden deshalb nicht alt. Achten Sie bei Ihrem Weimaraner-Senior auf sein Gewicht, ausgewogene Ernährung, ausreichend Bewegung, geistige Auslastung und ein stressarmes, ausgeglichenes Umfeld.

Durchblutungsstörungen

Ein häufig auftretendes Gesundheitsproblem bei älteren Hunden sind altersbedingte Durchblutungsstörungen, deren Ursache die abnehmende Elastizität der Blutgefäßwände und die sich verschlechternden Fließeigenschaften der roten Blutkörperchen sind. Der Transport von ausreichend Sauerstoff zu Gehirn, Herz, Muskulatur sowie zu anderen lebenswichtigen Organen fehlt. Diese Beeinträchtigung hat Auswirkungen auf die Vitalität und das Wohlbefinden des Hundes und wirkt sich negativ auf seine körpereigene Abwehrkraft aus. Zur Verbesserung der

Bis ins hohe Alter waren Fährten- und Dummysuche die große Leidenschaft von unserem Senior „Quibinger".

Durchblutung hat unser Tierarzt schon vor vielen Jahren ein entsprechendes Medikament verordnet, das die zentrale und periphere Durchblutung verbessert, die Fließeigenschaften des Blutes fördert und altersbedingten Beschwerden maßgeblich entgegenwirkt.

Vorbeugung ist alles

Viele Veränderungen des alternden Weimaraners entwickeln sich schleichend oder werden zunächst von uns als „normale" Alterserscheinungen akzeptiert (siehe Seite 112). Je eher Ihnen erste Anzeichen von Gesundheitsproblemen bei Ihrem Grauen auffallen, desto früher können Sie etwas dagegen unternehmen. Gewöhnen Sie sich deshalb an, frühzeitig und regelmäßig gezielte Vorsorgeuntersuchungen vornehmen zu lassen, und überprüfen Sie auch zu Hause die Gesundheit Ihres Weimaraners kontinuierlich. Dazu gehören die Kontrolle, Pflege und Reinigung seiner Zähne (siehe Seite 109), Ohren, Augen, Nase, Pfoten, Haut und Fell, wie bereits beschrieben.

Nur wenn Sie im täglichen Miteinander ein wachsames Auge auf Ihren alternden Hund haben, fallen Ihnen Abweichungen und Veränderungen sofort auf. So können Sie mit Ihrem Tierarzt gemeinsam die nötigen Schritte einleiten und gezielt und rechtzeitig heilen bzw. lindern.

Gewohnheiten beibehalten

Um Ihrem Weimaraner ein beschwerdefreies Altern zu ermöglichen, sollten Sie sowohl im Alltag als auch im Urlaub immer mehr Rücksicht auf seine Gewohnheiten nehmen. Versuchen Sie deshalb, ihm geregelte Tagesabläufe anzubieten und übermäßige Anstrengungen und Stressfaktoren von ihm fernzuhalten.

Im Alter wird das Kontakthalten immer wichtiger für den Hund.

Der alte Weimaraner

- ist nicht mehr ganz so mobil und voller Energie wie ein junger Hund,
- braucht viel Ruhe,
- schläft viel,
- fordert von Ihnen einen hundegerechten Lebensrhythmus,
- hat veränderte Bedürfnisse,
- braucht ebenso wie ein junger Hund Abwechslung und Spaß,
- braucht, um möglichst lange fit zu bleiben, angepasste Beschäftigung,
- braucht viel Liebe und Zuneigung,
- hat eine veränderte Verdauung,
- setzt leichter Speck an,
- hört schlechter,
- sieht schlechter,
- ist manchmal unverträglicher, weil er eventuell Schmerzen hat und sich durch die altersbedingte Schwäche nicht mehr so leicht gegenüber Artgenossen, vor allem gleichgeschlechtlichen, behaupten kann.

Die Pflege des alten Hundes

Fellpflege und Körperkontakt

Bei uns lernt bereits der Welpe Fellpflege und viel Körperkontakt kennen, und dies wird ein Hundeleben lang so fortgeführt. Jetzt im Alter genießt und braucht der Hund diese Nähe besonders. Sie gibt ihm Sicherheit und vermittelt Fürsorge. Gerade wegen der zahlreichen körperlichen Veränderungen, die ein Hund im Alter erfährt, ist es wichtig, mit ihm besonders sensibel und liebevoll umzugehen. Zudem fällt er mit beginnender Einschränkung des Hör- und Sehvermögens in eine immer begrenzter werdende Welt. Die Wahrnehmung seines Umfelds verringert sich, er vereinsamt. Gerade jetzt braucht er noch mehr liebvollen Körperkontakt, zum Beispiel über regelmäßiges Massieren oder sanftes, streichelndes Bürsten. Fellpflege und Körperkontakt, jede Berührung zeigt ihm, dass er noch wahrgenommen und geliebt wird, vermittelt ihm Geborgenheit und vertrautes Behütetsein.

Zahnpflege

Wie bereits erläutert (Seite 107), können Entzündungsherde im Zahn und Maulbereich Ausgangspunkt für die Ausbreitung von Bakterien im Körper sein, die in anderen Organen wie Nieren oder Herz Folgeschäden verursachen können. Deshalb ist regelmäßige Zahnpflege mit Hundezahncreme und einer entsprechenden Zahnbürste besonders wichtig.

Augen- und Ohrenpflege

Augen und Ohren werden regelmäßig untersucht und wenn nötig mit einem feuchten Tuch gereinigt.

Liegeplatz und Beweglichkeit

Der Bewegungsapparat eines Hundes nutzt sich ab, und irgendwann ist der Zeitpunkt erreicht, an dem ein Hund nicht mehr so mobil ist wie in jungen Jahren. Bewegungen, die früher problemlos waren, sind nicht

mehr so leicht ausführbar oder verursachen jetzt Schmerzen. Senioren lieben deshalb einen besonders weich gepolsterten und warmen Liegeplatz. Unser alter „Opa Quibinger" hatte im Haus mehrere dieser weichen, kuscheligen Liegeplätze. Auch im Auto lag eine weiche Schaumgummimatratze mit mehreren warmen Decken bereit, die ihm das Mitfahren erleichterten.

Weiche Liegeplätze helfen auch, die Entstehung von Liegeschwielen zu verhindern. Eventuell vorhandene Liegeschwielen werden mit einer unparfümierten Fettsalbe gepflegt.

Wichtig! Jedes Hundebett sollte regelmäßig desinfiziert werden.

Körperliche Betätigung

Bewegung ist ein Grundbedürfnis des Hundes, auch im Alter, und jeder Spaziergang an der frischen Luft wirkt wie eine belebende Sauerstoffdusche. Regelmäßige und gleichmäßige Bewegung tut der Fitness des alten Hundes gut, unterstützt Kreislauf und Verdauung, ist gut für Gelenke, für Muskeln und Bänder. Achten Sie jedoch darauf, die Art und Zeitdauer der Aktivitäten an seine individuelle Fitness und Tagesform anzupassen.

Ideal sind mehrere kurze Spaziergänge pro Tag mit gleichbleibender Belastung. Bei heißem und schwülem Klima unternehmen Sie diese in den kühleren Morgen- oder Abendstunden.

Tipp

Im Sommer Schwimmen

Um Knochen und Gelenke zu schonen und gesund zu halten, können Sie im Sommer bei warmen Wassertemperaturen mit Ihrem Senior schwimmen gehen.

Training für die Sinne

Um die Sinne Ihres Grauen fit zu halten, animieren Sie ihn, angepasst an seine Tagesform, zum Apportieren von Dummys oder zum Suchen von Menschenfährten (siehe Seite 148). Auch ein Weimaraner-Senior kann noch Neues lernen, und jedes Erfolgserlebnis, das er zusammen mit Ihnen hat, wird ihn gleich wieder etwas jünger werden lassen. Lehren Sie ihn einfache Kunststücke, seien Sie dabei kreativ.

Achten Sie bei allem, was Sie mit Ihrem Senior unternehmen, darauf, dass er Spaß daran hat. Beobachten Sie ihn, und hören Sie sofort auf, wenn Sie merken, dass er genug hat oder vielleicht lieber eine Pause möchte. So wird Ihr Hund auch im Alter viel schöne Zeit mit Ihnen gemeinsam verbringen.

Altersbedingte Krankheitszeichen

Einige typische Anzeichen, die Sie ernst nehmen sollten, sind:

Der Hund

- wirkt lustlos und träge,
- frisst schlecht,
- zeigt keine Lebensfreude mehr,
- hat keine Freude an Bewegung,
- hat Probleme beim Aufstehen,
- zeigt Steifheit oder Lahmheit,
- wird beim Spazierengehen schnell müde,
- hat glanzloses Fell,
- lässt in seinem Hör- oder Sehvermögen nach,
- zeigt Veränderungen in Temperament und Verhalten,
- ist zunehmend desorientiert,
- zeigt veränderte Schlafgewohnheiten,
- ist übergewichtig oder hat Muskelabbau,
- wird inkontinent (Harn, Stuhl),
- zeigt plötzlichen Gewichtsverlust, Verdauungsprobleme, Atembeschwerden, Veränderungen in der Aufnahme von Wasser und Futter oder im Verhalten (ein ernsthafter Hinweis auf eine mögliche innere Erkrankung).

Unsere große Liebe

„Herr Quibinger“ war ein Hundeleben lang für uns ein ganz besonderer Hund. In jungen Jahren kannte er kein Ermüden und war immer mit vollem Einsatz zur Stelle und an unserer Seite. Trotz einiger schwerer Krankheiten, einem Schlaganfall und Herzproblemen, lief er bis ins hohe Alter täglich mindestens vier bis fünf Kilometer mit uns durch Wald und Flur. Dort versteckten wir dann Dummys für ihn. Beim Suchen war er mit so viel Freude bei der Sache, dass es uns immer wieder warm ums Herz wurde. War er müde oder in schlechter Tagesform und lief behäbig und langsam, machten wir häufiger Pausen oder verkleinerten die Gassirunde. Die Jagd war seine große Leidenschaft. Ab und an durfte er noch im hohen Alter seine herausragende Fähigkeit als Jagdhund bei einer Nachsuche zeigen. Seine Jagdpassion, sein Können, sein Lebenswille und seine Verbundenheit zu uns werden uns unvergesslich bleiben.

„HERR QUIBINGER“
WAR UNSERE GROSSE
LIEBE. EIN GANZ
BESONDERER HUND.

Gila und Anton Fichtlmeier.

AUSBILDUNG & BESCHÄFTIGUNG

Kommunikation und Binärsprache

Viele Menschen sehen in ihrem Hund einen Lebenspartner, den sie so behandeln, als wäre er ein Mensch mit menschlichen Eigenschaften, Gefühlen und Moralvorstellungen. Sie erwarten von ihrem Hund, was sie sonst nur von Familienmitgliedern oder guten Freunden erwarten. Dabei setzt der Mensch voraus, dass der Hund sich auch so begreift, entsprechend denkt und handelt. Mit dieser Rolle ist ein Hund gänzlich überfordert!

Richtige Umgangsformen

Für den Hund steht in der Beziehung zum Menschen im Vordergrund, dass sein Mensch ihn mit Nahrung versorgt, vor Gefahren schützt und ihm Geborgenheit und liebevolle Nähe gibt. Der Hund braucht außerdem einen Sozialpartner, der ihm Führung, soziale Kompetenz und Sicherheit vermittelt, der ihm „die richtigen Umgangsformen" beibringt und mit dessen Hilfe er in sozialen Gruppierungen erfolgreich agieren kann. Hierbei lernt der Hund viel durch Nachahmung. Es liegt also in der Verantwortung des Menschen, als „Elternersatz" dem Hund im wechselseitigen Miteinander Lösungsmodelle zu vermitteln, die es ihm ermöglichen, Interessenkonflikte weitestgehend aggressionsfrei abzuklären.

Kommunikation

Worte sind Umwege

Die Kommunikation zwischen Mensch und Hund wird immer eine Verständigung über die Grenzen der eigenen Spezies hinaus bleiben. So kommuniziert ein Hund durch seine Mimik, seine Gesten, seine Empfindungslaute und über sein Verhalten, während wir

1

1 *Ein Hund will Geborgenheit, liebevolle Nähe und ein Leckerli.*
2 *Weimaraner sind ein großer Flirtfaktor.*

2

Menschen meist auf der Befehlsebene kommunizieren und uns dabei hauptsächlich auf unsere Sprache verlassen. Im Gegensatz zu klaren Gesten können Worte niemals beim ersten Mal vom Hund zugeordnet und der Absicht des Menschen entsprechend beantwortet werden.

Nonverbale Kommunikation

Wählen Sie daher lieber den Weg der nonverbalen Kommunikation über Gesten, Verhaltensmuster und Laute, denn das wird dem Wesen des Hundes gerechter als die Kommunikation über Sprache. Tun Sie sich selbst und Ihrem Weimaraner einen großen Gefallen und erziehen Sie ihn in einer Art und Weise, die er direkt verstehen kann. Dann darf er Hund sein und bleiben!

Motivation

In der heutigen Hundeerziehung steht das Führen eines Hundes über Motivation an erster Stelle. Auch Hunde bedienen sich zur gegenseitigen Verhaltensbeeinflussung der Motivation über Verhaltensmuster und auffordernder Laute. Aber ausschließlich über Motivation kann kein soziales Regelwerk entstehen und schon gar nicht eine wirkliche substanzielle Führung eines Hundes stattfinden.

Eine gute Mutterhündin setzt ihren Welpen deutliche Grenzen.

Soziales Fehlverhalten

Das Reglementieren von sozialem Fehlverhalten ist nicht nur notwendig, sondern fester Bestandteil des Verhaltensrepertoires von Hunden. Schon Welpen machen mit ihrer Mutter die Erfahrung, dass bestimmte Verhaltensweisen nicht toleriert werden. Auch ältere Hunde signalisieren jüngeren Hunden völlig eindeutig, wie sie deren Verhalten beurteilen. Sie agieren und reagieren hierbei unmittelbar und folgen instinktiv einem Wertesystem, das dem Harmoniebedürfnis der Gruppe dient.

Reglementieren

Haben Sie schon einmal beobachtet, wie klar eine Hündin ihre Welpen zurechtweist, wenn diese ihrem Futternapf zu nahe kommen? Treffen fremde Hunde aufeinander, kommt es, da sie keine Rudeltiere wie zum Beispiel Wölfe sind, zu Gruppen bildenden Interaktionsmustern (Fichtlmeier 2007). Diese dienen dazu, ritualisiert Übereinkünfte zu treffen. Es wird geklärt, was vom jeweils anderen zu erwarten ist. Reglementierung des Gegenübers oder ein sich Abgrenzen findet mittels Drohgebärden bis hin zum Zubeißen statt. Hunde verstehen es ausgezeichnet, deutlich und präzise ihre Interessen zu wahren. Im schnellen Wechsel: „Das gefällt mir“ bzw. „Das gefällt mir nicht“, äußern sie ihre Gestimmtheit. Nehmen Sie dies zum Vorbild und kommunizieren Sie in Ihren Verhaltensmustern dem Hund Bedeutungsinhalt wie Stimmung gleichermaßen eindeutig.

Richtig kommunizieren

Hunde kommunizieren von Natur aus in einer Körper-, Gesten- und Lautsprache (zum Beispiel Rutenhaltung, Lefzen hochziehen, Knurren). Am besten „verstehen“ sie den Menschen, wenn der sich ebenfalls einer Körper- und Signalsprache bedient. Kommunikation mit dem Hund ist umso erfolgreicher, je klarer, einfacher und eindeutiger die Signale sind. Verzichten Sie auf gesprochene Befehle. Das zwingt Sie automatisch dazu, einfach und deutlich in Ihrem körpersprachlichen Ausdruck zu werden.

Klare und eindeutige Signale

Im Umgang mit Artgenossen hat Ihr Weimaraner die Erfahrung gemacht, dass er sich hierbei jederzeit auf die Klarheit und Eindeutigkeit von Signalen verlassen kann. Auch

Im spielerischen Umgang kommunizieren Hunde ihre aktuelle Befindlichkeit.

beim Menschen sollte er darauf vertrauen können, dass die Signale, die er erhält, eine spezifische Bedeutung haben, die verlässlich gilt – nicht nur im Moment, sondern auch morgen und übermorgen. Nur wenn ein Hund vorhersehbare Reaktionen erfährt, fühlt er sich sicher. Ebenso muss der Mensch absolut klar definieren, was erwünschtes und was unerwünschtes Verhalten ist. Und das muss immer gelten! Das festigt die soziale Kompetenz des Hundes und reduziert die Gefahr, dass er zu einem Problemhund wird.

Binärsprache

Basiserziehung über Binärsprache

Kommunikation unter Hunden funktioniert nach dem binären Prinzip. Entweder ist etwas positiv (= richtig) oder es ist negativ (= falsch). Die Binärsprache arbeitet also immer nach demselben Prinzip, es geht um zwei entgegengesetzte Zustände: positiv oder negativ.

Unterscheidbar sein

Die gegensätzlichen Pole, positiv und negativ, müssen deutlich unterscheidbar sein. Ihr Weimaraner muss also an Stimme, Körpersprache etc. deutlich erkennen können, ob Sie ihn loben = positive Signale, oder mit seinem Verhalten nicht einverstanden sind = negative Signale. Vielen Menschen ist gar nicht bewusst, dass sie durchweg in ein und derselben Stimmlage loben und tadeln. Welche Schlüsse soll der Hund daraus ziehen? Wer „Nein" flötet oder „Ja" knurrt, kann vom Hund nicht verstanden werden! Überprüfen Sie daher, ob man bereits an Ihrer Stimme erkennen kann, ob Sie loben oder tadeln.

Eindeutig sein

Eindeutigkeit und Übereinstimmung der Signale auf allen Ebenen (Sprache, Geste, Mimik und innere Gestimmtheit etc.) sind ausschlaggebend für das Funktionieren der von uns entwickelten und an das Hündische angelehnten Binärsprache. Damit ist garantiert, dass der Hund Ihre Signale eindeutig „verstehen" und „beantworten" kann. Wenn Ihre Signale jedoch in sich widersprüchlich sind, weil Sie zum Beispiel eine den Hund bedrängende Körpergeste mit einer positiven Lautäußerung koppeln, verwirren Sie ihn.

Rascher Wechsel zwischen positiven und negativen Signalen

Um „hündisch" zu sprechen, sollten Sie Ihre Reaktionsgeschwindigkeit trainieren und perfektionieren. Sobald Ihr Weimaraner aufgrund Ihrer Unmutsäußerungen von einem unerwünschten Verhalten ablässt, müssen Sie augenblicklich in die positive Signalgebung wechseln. Das hört sich leicht an, ist aber gar nicht so einfach. Achten Sie beim nächsten Spaziergang einmal darauf, ob Sie dem Hund noch „hinterherschimpfen", wenn er bereits von dem unerwünschten Verhalten abgelassen hat. Nur wenn Sie den schnellen Wechsel zwischen positiv und negativ beherrschen, werden Ihre Signale zum richtigen Zeitpunkt gegeben und somit vom Hund korrekt verstanden und entsprechend beantwortet. So können Sie Ihren Weimaraner in all seinen Aktivitäten beeinflussen, lenken und leiten. Das Ergebnis ist ein sozial verträglicher Partner in allen Bereichen.

Binärsprache auf einen Blick

- Die Binärsprache muss klar und eindeutig sein.
- Die Verhaltensweisen (Signale des Menschen) müssen vorhersehbar und verlässlich sein.
- Alle gesendeten Signale (Körper, Geste, Mimik, Stimme) müssen übereinstimmen.
- Der schnelle Wechsel zwischen positiv und negativ im richtigen Moment ist wichtig.

Nachgeben

Gutes Benehmen

Kein Weimaraner bekommt gutes Benehmen in die Wurfkiste gelegt. Um ihn dieses zu lehren, müssen Sie vom ersten Tag an Regeln aufstellen. Schon dem Welpen müssen klare Grenzen gesetzt werden, auch wenn er zum Verlieben süß aussieht, denn er soll sich von Anfang an in die bestehende Ordnung einfügen.

Ihr Wille zählt

Die vielen Kleinigkeiten im Alltag machen es aus. Lernt der Graue schon als Welpe, dass alles nach seinen Wünschen geht und dass er immer seinen Willen durchsetzen kann, wird es für Sie umso schwerer, später in Ablenkungs-, Gefahr- oder Stresssituationen Ihren Willen durchzusetzen und den Hund unter Kontrolle zu haben. Natürlich ist es nicht einfach, sich dem Charme eines niedlichen

Zwei Weimaraner-Temperamente: der eine sanft und entspannt, der andere herausfordernd frech.

Welpen zu entziehen, und so lässt man unerwünschtes Verhalten mit einem „Er ist ja noch so klein, soll er doch seinen Willen haben!" durchgehen. Bedenken Sie jedoch, dass Sie genau in diesem Moment ein Verhaltensmuster beim Hund anlegen, das heißt: „Hier bestimme ich, dein Hund!" Das mag beim Welpen noch lustig scheinen, aber später, bei einem ausgewachsenen Weimaraner, ist Ärger vorprogrammiert. Und das ist dann IHR „Verdienst"! Denn Sie haben Ihren Hund die Erfahrung machen lassen, dass ER das Sagen hat.

Wichtig! Bestimmen Sie immer mal wieder über die Aktivitätsphasen Ihres Welpen. Hat er zum Beispiel seine „verrückten" fünf Minuten und tobt wie wild, verordnen Sie ihm ein paar Schmuseeinheiten. So lernt er, auf sanfte Art nachzugeben (= seine Wünsche hintanzustellen).

Nachgiebigkeit fördern

Um Nachgiebigkeit bei Ihrem Grauen zu fördern, sollten Sie schon Ihrem Welpen vermitteln, dass Sie ihm deutlich überlegen sind, indem Sie auf sanfte jedoch souveräne Art seinen Freiraum beschränken. Das kann so aussehen: Nehmen Sie Ihren Weimaraner-Welpen einfach mal auf den Arm und fixieren Sie ihn mit sanfter Bestimmtheit so lange, bis er nachgibt und sich entspannt. Dann kraulen Sie ihm das Bäuchlein und warten noch einen Augenblick, bis Sie ihn wieder auf den Boden setzen. Hat Ihr Weimaraner gelernt nachzugeben, tut er sich später auch bei Hundebegegnungen leichter damit.

Soziale Interaktionen steuern

Versuchen Sie Interaktionen und Sozialkontakte so zu steuern, dass diese sanft und ruhig ablaufen und immer in einem positiven Körperkontakt und Schmusen enden. Lassen Sie sich mit Ihrem Weimaraner-Welpen nicht auf ruppige Rauf- oder Zerrspiele ein. Geben Sie Ihrem Grauen gar nicht erst die Chance, sich durch herausfordernde Verhaltensweisen als ein Ihnen gleichgestellter Konkurrent zu fühlen oder gar zu erfahren, dass er seine Interessen Ihnen gegenüber durchsetzen kann. Denken Sie daran: Für einen Hund ist Spiel gleichermaßen kommunikativer Abgleich. Wenn Sie möchten, dass sich Ihr Weimaraner künftig an Ihnen orientiert, sollten Sie deshalb den Part des kompetenten und souveränen Partners übernehmen, der es gar nicht nötig hat, sich auf die Ebene eines pubertären Kräftemessens mit ihm zu begeben.

Unsensibles Maul

Verletzen muss nicht sein

So mancher kleine Graue beißt in alles, was er zwischen die Zähne kriegen kann, und dazu gehören auch die Hände, Arme und Füße seines Menschen. Wir kennen viele Welpenbesitzer, die bereits nach den ersten Tagen aussehen, als hätten sie sich ohne Handschuhe durch eine Dornenhecke gearbeitet. Doch wie kann man den kleinen Rabauken davon abbringen, mit seinen spitzen Zähnchen die Haut seiner Sozialpartner zu perforieren? Die Art und Weise, wie ein Hund mit seinem Maul agiert, kann ihm beigebracht werden. Sie werden schnell bemerken, wie angenehm es ist, wenn ein Hund sein Maul sensibel benützt und nicht grob und undifferenziert nach allem schnappt, was ihm von Hand gereicht wird. Wir nennen das „differenzierender Griff“. Wir legen großen Wert darauf, dass bereits der Welpe

Nicht ruppige Zerr- und Raufspiele, sondern sanfter und ruhiger Körperkontakt fördert die Sozialverträglichkeit Ihres Weimaraners.

lernt, seine spitzen Zähnchen differenziert einzusetzen und so eine Beißhemmung zu entwickeln.

Beißhemmung nutzen

Eine Veranlagung zur Beißhemmung ist beim Hund prinzipiell angelegt. Sie ist eine wichtige Funktion im sozialen Kontakt unter Artgenossen und natürlich auch im Umgang mit dem Menschen. Schon früh macht ein Welpe die Erfahrung, dass ein zu festes Zubeißen gegenüber seinen Wurfgeschwistern mit Quietschen oder Kontaktabbruch beantwortet wird. Beißt der Rabauke noch einmal unsensibel zu, beißt der andere zurück. Das Quietschen, ein Sichabwenden oder eine Gegenattacke des anderen bewirken, dass er im weiteren Umgang vorsichtiger und sanfter wird. So lernt er spielerisch beim Raufen, Kneifen und auch mal Zubeißen seine Grenzen kennen. Welpen, die in den ersten Wochen ihres Lebens isoliert, ohne Artgenossen oder ohne Reglementierung durch den Menschen aufwachsen, zeigen hier oft deutliche Defizite.

Zeigen Sie Ihrem Weimaraner, dass wir Menschen noch sensibler reagieren als seine Geschwister, denn unsere Haut ist schließlich nicht durch Fell geschützt. Nutzen Sie die Veranlagung des Hundes zur Beißhemmung, indem Sie ihn spielerisch herausfordern und ihm dabei durch Ihr Verhalten deutliche Grenzen aufzeigen.

Nichts ist sicher vor den spitzen Zähnchen eines Welpen.

„Auuah", das tut weh!

Attackiert Ihr Welpe Sie durch ein aufforderndes In-die-Fersen- oder -Waden-Zwicken, genügt zumeist ein lautes, hohes, quietschendes und wehklagendes „Auu-auu-auu!" Geben Sie vor, es hätte schrecklich wehgetan, damit Ihr Schmerzenslaut bei ihm wirklich überzeugend ankommt. Stellt er sein Verhalten trotzdem nicht ein, können Sie ein warnendes, tiefes Knurren von sich geben. Wird auch dieser Warnlaut ignoriert, wird den Rabauken sicher ein energisches „Pfui!" und, wenn das alles nicht ausreicht, ein deutlicher Klaps zur Ruhe bringen. Ausschlaggebend für die Überzeugungskraft Ihrer Reaktion ist immer, dass Ihre Signale klar und eindeutig sind. Ein halbherziges Reglementieren vermittelt vielen Hunden kein unmissverständliches „Lass das sein!"

Manchmal ist es auch nicht der Übermut oder das Interesse am Sozialkontakt, was den Welpen zum Beißen verführt. Vielleicht hat er einfach nur Schmerzen durch den Zahnwechsel, und es wäre ihm eine große Hilfe, wenn Sie ihm einen Kauartikel anbieten.

Wichtig! Sofort, wenn der Welpe das Beißen einstellt, vermitteln Sie ihm durch einen freundlich sanften, hohen Laut, dass Sie wieder positiv gestimmt sind und alles in Ordnung ist.

Schluss mit lustig

Die Art Ihres Sozialspiels und Ihre Verhaltensmuster im Umgang mit dem Welpen bestimmen darüber, wie schnell und nachhaltig unangenehmes Verhalten seinerseits aufhört. So sollte dem Welpen, wenn er zu grob wird, ein sofortiges Stoppen des Sozialspiels verdeutlichen, dass Sie sein Verhalten nicht billigen. Vergessen Sie nicht, den Welpen durch eine positive Reaktion Ihrerseits zu bestätigen, sobald er das unerwünschte Verhalten einstellt. Sie können auch unvermittelt aufstehen, wortlos weggehen, und ihn für eine kurze Zeit ignorieren. Das alles kann große Wirkung zeigen.

Umgangsregeln für Kinder

Gerade Kinder üben durch ihren Bewegungsdrang immer einen starken Reiz auf Welpen aus. Erklären Sie den Kindern, dass sie im

Falle einer „Welpenattacke“ sofort stehen bleiben und ihn ignorieren sollen. Dabei können sie ihm auch über Schmerzenslaute vermitteln, dass das Verfolgtwerden und Zwicken wehtut. Unterstützen Sie Kinder in diesen Situationen, damit sich hier kein aggressiver Umgang zwischen Kind und Hund ausbilden kann. Weder soll das Kind in seiner Not nach dem Welpen schlagen oder treten, noch soll der Hund die Erfahrung machen, er könne mit dem Kind wie mit seinen Wurfgeschwistern verfahren. Achten Sie darauf, dass Kinder den Welpen nicht provozieren. Schaffen Sie darum Rückzugsmöglichkeiten für ihn, die von den Kindern respektiert werden müssen.

Wichtig! Es gibt sie nicht, die kinderliebe Hunderasse. Der kinderfreundliche Hund entwickelt sich durch Ihre Umgangsweise und die Ihrer Kinder! Lassen Sie Welpen und Kinder nicht allein, kontrollieren Sie den Umgang, und zwar ständig. Ein Weimaraner, der als Welpe negative Erfahrungen mit Kindern gemacht hat, reagiert oft erst dann aggressiv, wenn er die nötige Reife hat, sich durchzusetzen. Dann zeigt er den Kindern „plötzlich“ die Grenzen, deren Überschreitung er nicht mehr zu dulden bereit ist. Und das kann dramatisch ausgehen!

Tipp

Leckerli vorsichtig nehmen

Gestatten Sie Ihrem Weimaraner-Welpen nur einen behutsamen Umgang mit Ihrer Hand. Lehren Sie ihn, Futter vorsichtig und sanft aus Ihrer Hand anzunehmen. Gestatten Sie nicht, dass er Ihnen das Leckerchen aus den Fingern reißt oder aufgeregt nach diesem schnappt, um es zu bekommen. Sie werden das sanfte Nehmen später bei Ihrem erwachsenen Weimaraner genießen.

Allgemeine Grunderziehung

Hunde lieben klare Regeln und fühlen sich bei souveränem und verlässlichem Verhalten ihrer Menschen sicher und gut behütet. Neben dem Aufbau von Bindung und dem Erlernen von sozialem Verhalten in der Gemeinschaft von Mensch und Hund ist auch die allgemeine Grunderziehung äußerst wichtig. Der Einstieg in die Grunderziehung eines Hundes ist, seine Aufmerksamkeit zu erlangen, den Blickkontakt herzustellen und aufrechtzuerhalten sowie ein freudiges und freiwilliges Herankommen zu fördern, wenn man ihn ruft.

Aufmerksamkeitssignal mit Herankommen

Damit sich Ihr Weimaraner gern und freiwillig nähert, sollte er Interesse an Ihnen haben. Das können Sie folgendermaßen aufbauen: Durch ein spezielles Aufmerksamkeitssignal, wie das Schnalzen mit der Zunge, erregen Sie sein Interesse, nach Ihnen zu sehen. Jedes Mal, wenn der Hund Sie daraufhin ansieht, erhält er sofort ein Stückchen Futter aus der Hand. Das Schnalzen mit der Zunge empfiehlt sich, da es nur neutral, also weder freudig noch aggressiv artikuliert werden kann. Wiederholen Sie das über den Tag verteilt mindestens 30- bis 40-mal. Setzen Sie es so lange fort, bis es zuverlässig klappt. Verwenden Sie dazu Futter aus der täglichen Futterration, denn etwas Hunger fördert sein Interesse an Ihrem Signal. Vergrößern Sie dann kontinuierlich den Abstand zu Ihrem Hund, wenn Sie mit der Zunge schnalzen, damit Ihr Weimaraner schon eine gewisse Strecke zurücklegen muss, um sein Futterstückchen zu erhalten.

Körpersignal fördert Blickkontakt

Das Schnalzen mit der Zunge versteht Ihr Grauer bereits. Während Sie mit der Zunge schnalzen, gehen Sie jetzt zusätzlich in

1 *Über ein deutliches Richtungszeichen wird der Hund geschickt.*
2 *Durch ein In-die-Hocke-Gehen wird er stumm herangerufen.*

die Hocke. Dadurch bringt der Hund das Schnalzen und Ihr In-die-Hocke-Gehen in Zusammenhang. Nach wenigen Wiederholungen wird er das In-die-Hocke-Gehen dem Schnalzen gleichsetzen. Jetzt kann dieses In-die-Hocke-Gehen immer dann, wenn er zufällig in Ihre Richtung schaut, als Signal für Herankommen benutzt werden. Der Graue lässt sich sozusagen stumm herantrufen. Durch den Verzicht auf ein Lautsignal fördern Sie, dass er von sich aus häufiger den Blickkontakt sucht.

Deutliche Körpersignale

Ist der Abstand zwischen Ihnen und Ihrem Weimaraner größer, ist es sinnvoll, nicht nur in die Hocke zu gehen, sondern außerdem noch die Arme lebhaft seitlich neben dem Körper auf und ab zu bewegen. Die Armbewegungen sind für den Hund aus größerer Distanz besser wahrnehmbar und animieren ihn aufgrund des Bewegungsreizes noch stärker als das alleinige In-die-Hocke-Gehen.

Wechselweise Anwendung

Machen Sie Ihren Welpen nun aus unterschiedlichsten Situationen heraus auf sich aufmerksam. Fordern Sie ihn wahlweise über das Schnalzen oder In-die-Hocke-Gehen auf, sich zu nähern, und belohnen Sie mit Streicheleinheiten, gemeinsamem Toben oder Futter. Sie werden sehen, innerhalb kürzester Zeit wird er in dem Moment auf Sie zulaufen, in dem Sie leise mit der Zunge schnalzen oder in die Hocke gehen, wenn er Blickkontakt zu Ihnen aufgenommen hat.

Mit so großer Freude und wehenden Ohren sollte auch Ihr Weimaraner heransausen, wenn Sie ihn rufen.

Kommt er nicht, kommunizieren Sie binär!

Ignoriert Ihr Weimaraner Sie oder wendet er sich von Ihnen ab, während Sie ihn mit freundlich motivierender Stimme rufen, setzen Sie die Binärsprache ein. Das heißt, Sie wechseln sofort vom positiven in den negativen Zustand. Der positive Zustand ist motivierend, der negative Zustand ist gleichbedeutend mit einer Warnung. Für Ihren Hund muss dabei jedoch immer klar sein, worauf sich diese Warnung bezieht. Um ihm durch den Warnlaut zu signalisieren, dass Sie sein Sich-Abwenden oder Ignorieren missbilligen, müssen Sie ihn genau in dem Moment warnen, wo er auf Ihr freundliches Rufen mit einem Ignorieren oder Abwenden des Kopfes reagiert. Sie bleiben so lange negativ und steigern ggf. die Intensität (angepasst an Hund und Situation), bis der Hund reagiert. Zeigt er sich nur ein klein wenig verunsichert oder wendet er sich Ihnen wieder zu, wechseln Sie unverzüglich in die positive Haltung und motivieren Ihren Hund jetzt mit allen Tricks, sich Ihnen zu nähern. Locken Sie ihn mit übertrieben hoher Stimme, rennen Sie dabei von ihm weg, machen Sie den „Hampelmann" o. Ä. Zeigen Sie ihm überschwänglich mit Körper und Stimme, dass Sie sich freuen. Wenn Sie sich dabei wirklich freuen, wird diese Freude auf Ihren Weimaraner überspringen und er wird mit wehenden Ohren angesaust kommen.

Wichtig! Das dynamische Wechselspiel positiv/negativ vermittelt Ihrem Grauen deutlich und klar: richtig/falsch. Das Wichtigste daran ist jedoch, dass Sie sich damit über Verhaltensmuster in eine kommunikative Interaktion begeben, die für den Hund leicht verständlich ist.

Gelten Ihre Signale auch unter Ablenkung?

Nur wenn Ihr Weimaraner auch unter Ablenkung (= ablenkende Reize, die das Interesse des Hundes auf sich ziehen) verlässlich zu Ihnen kommt, nachdem Sie ihn dazu motiviert haben, wissen Sie, ob Ihre Signale von ihm auch wirklich verstanden und angenommen werden. Glauben Sie nicht, dass sich kleine oder größere Ungehorsamkeiten und Unaufmerksamkeiten im Lauf der Zeit von selbst legen werden – im Gegenteil! Reagiert Ihr Weimaraner nicht augenblicklich auf Ihr Signal für Herankommen, dann testet Ihr Hund entweder „schamlos" aus, wie weit er seinen Willen durchsetzen kann, oder er hat Ihre Signale nicht verstanden, fühlt sich verunsichert oder misstraut Ihnen schlimmstenfalls. Kommt der Hund lustlos oder erst nach Signalwiederholung zu Ihnen, überdenken Sie selbstkritisch, ob er Ihre Signale wirklich so verstehen kann, wie sie gemeint sind.

Wichtig! Sehen Sie die Reaktion Ihres Hundes immer als Feedback auf die Eindeutigkeit Ihrer Signale. Je eindeutiger Sie die Signalebene (auch im binären Sinn) gestalten, umso leichter entwickelt sich gelungene Kommunikation für ein harmonisches Zusammenleben zwischen Ihnen und Ihrem Liebling.

Der typische aristokratische Weimaraner-Blick.

Ein Leben lang

Wir rufen alle unsere Hunde, egal wie alt sie sind, immer wieder sporadisch über ein leises Aufmerksamkeitssignal wie Gaumenschnalzen oder ein Körpersignal, zum Beispiel In-die-Hocke-Gehen und Ausbreiten der Arme, zu uns. An manchen Tagen öfter, an anderen weniger. Aber jedes Mal ist es eine wunderbare Belohnung, wenn sie in freudiger Erwartung auf uns zulaufen, uns ansehen und uns zeigen, dass sie unsere Nähe genießen und sich gern annähern.

„Sitz"

Um zu erreichen, dass Ihr Weimaraner in der Kommunikation mit Ihnen mitdenkt, ist es sinnvoll, erwünschte Verhaltensweisen auch dann zu belohnen, wenn er sie von sich aus zeigt. Er verknüpft, dass es lohnenswert sein kann, Ihnen Verhaltensmuster anzubieten.

Der Hund bietet „Sitz" an

Jedes Mal, wenn der Hund sich von selbst „hinsetzt", wird das Sitzen mit Futter belohnt. Passen Sie dabei aber auf, dass er in dem Moment, wo Sie sein Sitzen mit Futter belohnen wollen, nicht aufsteht oder aufspringt und dabei trotzdem sein Futterstück erhält, sonst kann er nicht eindeutig zuordnen, welches gezeigte Verhalten Sie eigentlich belohnen: Sitzen, Aufstehen oder gar das Hochspringen. Wenn Sie konsequent und eindeutig nur sein Sitzen belohnen, wird er schnell erkennen, welches Verhaltensmuster er Ihnen anbieten muss, um an Futter zu kommen.

Geste für „Sitz" einführen

Sie können das „Sitz" auch durch eine Geste auslösen. Dazu halten Sie ein Stückchen Futter zwischen Daumen und Mittelfinger und lassen ihn kurz daran schnuppern, bevor Sie Ihre Hand mit gestrecktem Zeigefinger langsam hochheben und schräg nach oben weit über seinen Kopf hinwegführen. So wird er mit seinem Blick der Bewegung nach oben folgen und sich dadurch hinsetzen. Sobald der Hund sitzt, geht die Hand sofort nach unten und reicht dem sitzenden Hund das Futter.

Körpersignal für „Sitz"

Noch deutlicher wird es für Ihren Hund, wenn Sie die Geste für „Sitz" mit einem Körpersignal ergänzen, beispielsweise einem kurzen leichten Beugen der Knie. Später können Sie dann wahlweise den Zeigefinger heben oder das Körpersignal benutzen oder beides zusammen. Wichtig dabei ist, dass Sie nicht sprechen, also kein Kommando geben!

Herankommen und „Sitz"

Jetzt verbinden Sie Aufmerksamkeits-, Herankommen- und Sitzsignal. Durch das Aufmerksamkeitssignal nimmt Ihr Weimaraner Blickkontakt auf, das In-die-Hocke-Gehen motiviert ihn zum Herankommen, und das kurze Beugen der Knie oder der hoch erhobene Zeigefinger löst ein „Sitz" aus, das belohnt wird.

Wichtig! Vergessen Sie nicht, Ihren Hund mit einem Signal für „Lauf" wieder freizugeben.

„Sitz“-Übungen

Über unterschiedliche „Sitz“-Übungen können Sie die Konzentration des Hundes auf Ihr Tun erhöhen und nebenbei die Basis für Standruhe (Steadiness) legen. Die Übung beginnt jeweils, nachdem Sie Ihren Weimaraner durch eine Körpergeste ins „Sitz“ motiviert haben. Aus der „Sitz“-Position können Sie:

- den Blickkontakt verlängern, bevor der Hund über ein Signal für „Lauf“ freigegeben wird,
- die Futterschüssel vor dem sitzenden Hund abstellen und ihn erst nach Blickkontaktaufnahme fressen lassen,
- sich mit der Futterschüssel entfernen, den Hund aus der „Sitz“-Position heran rufen, ihn wieder ins „Sitz“ motivieren, Blickkontakt abwarten und die Freigabe für das Fressen geben,
- die Futterschüssel neben dem sitzenden Hund abstellen, sich dann zuerst mit einem Dummy – später mehreren – entfernen, diese verstecken, wieder zum Hund zurückgehen, ihn zum Apport schicken und als Belohnung fressen lassen,
- sich entfernen, kurz warten und ihn dann durch das Signal „In-die-Hocke-Gehen“ stumm heranrufen,
- sich entfernen, kurz warten, zurückgehen und ihn mit einem Futterstückchen belohnen. Abstände und Zeitspanne langsam vergrößern,
- den sitzenden Hund warten lassen, bis Sie ihn an- oder abgeleint haben, Sie die Haustür auf- oder zugesperrt haben, Sie zum Gartentor hinausgehen, er ins oder aus dem Auto springen darf.

Der eine Welpe ist noch etwas zögerlich, der andere schlüpft freudig und freiwillig durch das Halsband.

Leinenführung

In der Welt, in der wir leben, können wir Hunden in vielen Bereichen nur einen eingeschränkten Bewegungsspielraum gewähren. Die Leine bietet dabei eine sehr unmittelbare und gleichzeitig äußerst effiziente Möglichkeit, den Freiraum eines Hundes zu begrenzen.

Signalübermittlung über die Leine

Die Leine kann in der Kommunikation mit Ihrem Weimaraner als hilfreiches Mittel zur Signalübermittlung eingesetzt werden. Mit ihr können zum einen direkt Signale übermittelt werden und zum anderen kann sie, je nach Einsatzweise, mit bestimmten Bedeutungsinhalten belegt werden (Symbolsprache). Bewusstes Leinenhandling bedeutet, dass Sie tatsächlich Führung übernehmen, um den Hund durch richtige Signalgebung „durchs Leben zu lotsen". Lassen Sie Ihren Weimaraner die Vertrauen schaffende Erfahrung machen, dass Leine Sicherheit bedeutet und dass er in Konfliktsituationen von Ihnen Hilfestellungen bekommt.

Anlegen und Abnehmen des Halsbandes

Ist Ihr Hund freudig herangekommen und ins „Sitz" motiviert, dann geht es jetzt um das stressfreie An- und Ableinen. Das Motto unserer An- und Ableinpraxis lautet: „Freudig und freiwillig schlüpft der Hund durch das Halsband und auch wieder aus dem Halsband heraus." Das Anlegen und Abnehmen des Halsbandes bietet Ihnen eine sehr effiziente Gelegenheit, mit Ihrem Hund zu kommunizieren und diese Kommunikation weiter auszubauen. Lassen Sie sich Zeit dabei und entwickeln Sie durch ein immer gleichbleibendes Verhalten ein Ritual, das Ruhe, Blickkontakt, Sicherheit und Vertrauen fördert.

Wichtig! Kommt Ihr Weimaraner nur zögerlich heran, weil er vielleicht durch schlechte Erfahrungen verunsichert ist, dann vermeiden Sie unbedingt, nach ihm zu „grapschen". Halten Sie ihn niemals fest, um ihm das Halsband anzulegen oder abzunehmen (auch nicht mit sanfter Gewalt). Sie erreichen damit allenfalls, dass er handscheu wird und Ihre Nähe künftig meidet.

Kontakt- und Anleinübung

Indem Sie Ihren Weimaraner immer wieder einmal zum freudigen Herankommen veranlassen, ihn dann ins „Sitz“ motivieren und ihm das Halsband anlegen, wieder abnehmen und ihn für sein freudiges Mitwirken mit einem Futterstückchen seiner Tagesration aus Ihrer Hand belohnen, wird aus dem Anlegen und Abnehmen des Halsbands eine einfache Kontakt- und Anleinübung. Bald wird er reflexartig und freudig auf Ihr Rufen zum Anleinen heransausen.

Ruhe überträgt sich

Ruhe fördern durch klare Regeln

Wenn Sie Ihren Weimaraner in jeder Situation souverän zur Ruhe bringen können, sind Sie beide allseits gern gesehen. Durch eindeutige Signalübermittlung über Körpersprache und Leine kann ein einfaches und klares Regelwerk etabliert werden und dadurch beim Hund bewirken, dass er eine ruhige und ausgeglichene Position an Ihrer Seite einnimmt.

Ruheübung

Die Leine kann grundsätzlich als Symbol für Ruhe und Sicherheit stehen. Folgende wirkungsvolle Methode kann Ihrem Weimaraner Ruhe vermitteln, wenn er unruhig und hibbelig an der Leine agiert:

Nehmen Sie eine zwei bis drei Meter lange Leine. Die Handschlaufe halten Sie in Ihrer Hand. Stellen Sie sich nun mit einem Fuß auf die bis zum Boden durchhängende Leine und begrenzen Sie damit den Freiraum des Hundes auf etwa einen Meter. Das signalisiert ihm: „Dein Aktionsraum ist auf diesen Freiraum beschränkt – mehr geht nicht!“ Von diesem Moment an ignorieren Sie jegliches Verhalten Ihres Vierbeiners – egal ob dieser bellt, winselt, gräbt, springt, in die Leine beißt oder zerrt. Der Hund existiert quasi nicht mehr für Sie!

Ihr Weimaraner mag sich zu Anfang vielleicht alles Mögliche einfallen lassen, um eine Reaktion von Ihnen zu provozieren. Aber nach einer Weile wird er zu dem Schluss kommen, dass er Sie durch rein gar nichts zu einer Reaktion herausfordern und damit aus

Bei manchen Weimaranern dauert es etwas länger, bis sie zur Ruhe kommen.

dem Gleichgewicht bringen kann. Sie stehen ruhig und gelassen neben ihm und ignorieren seine Aktionen. Wenn Sie keinerlei Reaktion zeigen, wird er sich über kurz oder lang legen, setzen oder einfach nur neben Ihnen stehen bleiben.

Ruhe löst Ruhe aus

War Ihr Grauer einige Zeit ruhig und entspannt, nehmen Sie den Fuß wieder von der Leine und gehen, die Handschlaufe in der Hand, Ihres Weges, ohne ihn weiter zu beachten. Geben Sie ihm dabei volle Leinenlänge. Dann bleiben Sie wieder stehen und stellen den Fuß erneut wortlos auf die Leine. Im Lauf der Zeit wird sich Ihr Hund daran gewöhnen, dass er immer, wenn Sie stehen bleiben, ebenfalls stehen bleibt. Er koppelt sich an Ihre Ruhe und beginnt damit, sich an Ihrem Verhalten zu orientieren. Ihre Ruhe löst seine Ruhe aus.

Ein Tipp: Die Ruheübung lässt sich dadurch verstärken, dass Sie dabei eine kleine Decke oder ein Handtuch als Liege und Rastplatz auf den Boden legen.

Ruhe im Alltag

Es gibt viele Situationen, in denen Sie das Prinzip „Ruhe löst Ruhe aus“ im Alltag nutzen können. Zum Beispiel wenn Sie sich in einem Lokal befinden: Sie setzen sich an einen Tisch, legen die Leine auf den Boden, stellen einen Fuß darauf und beachten Ihren Hund nicht mehr. Auch hier wird er sich, weil er es gar nicht (mehr) anders kennt, sofort hinlegen und zur Ruhe kommen. Der Alltag bietet noch viele weitere Möglichkeiten.

Sicherheitszone schaffen

Es ist überaus wichtig, dass Sie eine Sicherheitszone für Ihren Hund garantieren, vor allem wenn er angeleint ist und nicht ausweichen kann. Stehen Sie ihm vor allem dann zur Seite, wenn frei laufende, aufdringliche oder gar aggressive Artgenossen ihn belästigen.

Deutliche Körper- und Leinensignale helfen dem Hund beim entspannten Gehen an der Leine.

Gehen an der Leine

In vielen Ausbildungsmethoden wird zum Erlernen der Leinenführigkeit empfohlen, dem Hund einen Ball, ein „Quietschie“ oder ein Leckerli vor die Nase zu halten, um ihn dadurch zum Nachlaufen zu motivieren. Sicherlich sind Leckerli und Spielzeug ein Anreiz für den Hund, neben Ihnen zu laufen – zumindest für eine Weile! Genau genommen handelt es sich jedoch nur um Hilfsmittel, die Ihnen vorgaukeln, dass sich Ihr Hund an Ihnen orientiert. Was machen Sie, wenn der Hund plötzlich kein Interesse mehr an Spielzeug und Leckereien hat? Sei es, dass er satt ist, oder sei es, dass etwas Reizvolleres sein Interesse weckt? Dann greifen Ihre Hilfsmittel nicht mehr. Ein Hund, der dem vor die Nase gehaltenen Futter oder Spielzeug nachläuft, erliegt lediglich dem Reiz, den das Objekt direkt vor seiner Nase auf ihn ausübt – wie die sprichwörtliche Karotte vor dem Maul des Esels. Der Hund lernt dadurch nur Futter oder Beute zu folgen. Eine Bindung an die Person, die ihn führt, wird so nicht erreicht.

Test

Probieren Sie aus, mit welchen Bewegungsmustern und mit welchen Lauten Sie Ihren Hund so erregen, dass er mit Freude neben Ihnen herläuft. So können Sie auf Futter als Anreiz verzichten. Ihre Begeisterung und Freude ist dann für Ihren Grauen Belohnung genug und wird wie ein Funke auf ihn überspringen.

An Körpergesten orientieren

Wesentlich nachhaltiger ist es, wenn es Ihnen gelingt, dass sich Ihr Hund an Ihren Körpersignalen und Gesten orientiert und aus Interesse an Ihrem Tun an Ihrer Seite mitläuft. Dann macht es auch Sinn, im Anschluss dieses gewünschte Verhalten des freudigen Mitlaufens durch ein Stück Futter zu belohnen.

Leine als Nebensache

Die Leine ist kein Abschleppseil, an dem Hund oder Mensch sich gegenseitig durch die Gegend ziehen. Ein Hund sollte sich über Körpersprache führen lassen. Dazu ist es notwendig, deutliche Gesten für „Komm mit“, „Bleib stehen“ oder „Sitz“ zu zeigen. Orientiert sich der Hund an diesen Gesten, wird die Leine zur Nebensache.

Leine als Signalhilfe

In unserer Ausbildungsmethode wird der Hund prinzipiell über die Körpersprache geführt, die Leine ist zumeist Nebensache. Da es jedoch eine Zeit dauert, bis der Hund die Führung des Menschen über Körperhilfen gänzlich angenommen hat, kann die Leine in stetem Zusammenspiel mit der Körpersprache aktiv und unterstützend als Signalhilfe eingesetzt werden. Viele Hunde verlieren in Reizsituationen die Selbstkontrolle und gehen dem Halter aus der Hand. In solchen Fällen kommt die Leine als reglementierendes und den Freiraum einschränkendes Hilfsmittel zum Einsatz und verhindert so, dass der Hund sich und andere gefährden kann. Das Ziel sollte sein, dass der Hund seinem Halter freiwillig folgt und es für ihn dabei keine Rolle spielt, ob er angeleint ist oder nicht. Unsere Ausbildungsmethode finden Sie in unserem Buch und der DVD „Der Hund an der Leine“ ausführlich erläutert.

„Emma" lässt sich aus jeder Reizlage sicher stoppen. Deshalb darf sie auch meist frei laufen.

„Bleib"

„Bleib" ist eine sehr wichtige Übung, die Sie im Alltag vielseitig nutzen können. Über die Definition von grünen (positiven, dort wird gelobt) und roten (negativen, dort wird reglementiert) Bereichen wird dem Hund vermittelt, dass er auf einem ihm zugewiesenen Platz bleiben und ruhig warten soll, bis er von seinem Halter dort abgeholt wird.

Wichtig! Rufen Sie Ihren Weimaraner nie aus einem „Bleib" zu sich heran, sondern holen Sie ihn dort immer ab.

Sinn und Ziel von „Bleib"

Das Ziel der „Bleib"-Übung ist, dass der Hund lernt, ruhig und entspannt auf seinem Platz zu verweilen, sei es, dass Besuch kommt, man sich in einem Restaurant befindet oder er vor einem Geschäft warten soll.

Verhaltensabbruch

Der Weimaraner als Spezialist fürs Jagen tendiert zu entsprechendem Verhalten. Das heißt: Hase, Reh, Geruchsspuren, Bewegungsreize etc. lösen Orientierungs- und Jagdverhalten in ihm aus. Er kann nicht anders, er hat keine Alternative. Das Verhalten wird über seinen Jagdinstinkt ausgelöst, der Hund hat keinen freien Willen, um sich etwa dafür entscheiden zu können, solche Reize zu ignorieren. Alternatives Verhalten muss der Mensch ihm beibringen.

Alternativverhalten

Angeborene Verhaltensmuster wie das Jagen sind in der von Menschen geschaffenen

soziokulturellen Mitwelt nur innerhalb ganz bestimmter Rahmenbedingungen akzeptiert und erwünscht. In einem gewissen Umfang kann ein Hund im Rahmen seiner sozialen Fähigkeiten lernen, sich selbst zurückzunehmen, und andere Verhaltensweisen zeigen als die in seinem Repertoire naturgemäß veranlagten. Um zu verhindern, dass der Weimaraner instinktiven Reizen seines Umfelds unkontrolliert erliegt und er sich selbst oder andere gefährdet, bedarf es der Kontrolle durch den Menschen.

Wichtig! Ein Jagdhund wie der Weimaraner kann sein Verhalten umso schwerer selbst kontrollieren, je öfter er instinktives Jagdverhalten unkontrolliert auslebt, ohne dass dieses durch den Halter reglementiert wird.

Was Hänschen nicht lernt …

Ein Verhaltensabbruch muss vom Menschen unmissverständlich und aktiv kommuniziert werden. Bloßes Umlenken auf ein Alternativverhalten oder Ignorieren des Hundes kommuniziert diesem nicht, dass das gezeigte Verhalten unerwünscht ist oder von uns in diesem Moment als Fehlverhalten bewertet wird. Hier ist Prävention eine sinnvolle Möglichkeit, um auf für alle Beteiligten unangenehme Reglementierung verzichten zu können. Wichtig ist es daher, dass schon dem Welpen deutlich kommuniziert wird, welche Verhaltensweisen erwünscht und welche nicht gestattet sind. Sie haben Ihren Weimaraner damit auch später leichter unter Kontrolle und müssen Jagd- oder etwaiges Fehlverhalten nicht mühsam korrigieren.

Voraussetzung für Freilauf

Damit ein Hund frei laufen darf, ist das Sich-stoppen-Lassen eine wichtige Voraussetzung. Geben Sie gerade einem so passionierten Jagdhund wie dem Weimaraner nur dann einen räumlich weiten Freiraum im Freilauf, wenn Sie ihn so unter Kontrolle haben, dass eine Gefährdung seiner selbst oder seines Umfelds möglichst ausgeschlossen werden kann.

Wichtig! Stopp- oder Abbruchsignale sollen die Aktionen des Hundes in jeder Situation sofort und verlässlich stoppen können und seine Aufmerksamkeit wieder auf seinen Besitzer lenken.

„Stopp" heißt immer „Stopp"

Wenn Sie zulassen, dass Ihr Weimaraner Ihren Stopplaut ignoriert, zum Beispiel durch Ihre Nachlässigkeit oder fehlende Einwirkungsmöglichkeit, wird er versuchen herauszufinden, unter welchen Umständen er sich dem Verhaltensabbruchsignal widersetzen beziehungsweise er sich Ihnen entziehen kann. Lassen Sie es also zu keiner Übungssituation kommen, in der der Silbergraue diese Erfahrung machen kann. Vermitteln Sie Ihrem Hund stattdessen bereits beim ersten Anzeichen, dass er seinen Impuls, Ihren Stopplaut zu ignorieren, auf gar keinen Fall durchsetzen kann. Nur so können Sie verhindern, dass er anfängt, variabel auf Ihr Signal zu reagieren und die jeweilige Situation abzuwägen versucht.

Wenn es schon passiert ist

Hat Ihr Hund bereits die Erfahrung gemacht, dass er Ihr Stoppsignal missachten kann? Dann sollten Sie ihm ab sofort klarmachen, dass damit Schluss ist. Leider reicht es in so einem Fall zumeist nicht, ihn nur ein wenig auszuschimpfen. Das kennt er schon, und die Angst vor Ihrem Ärger wiegt oft nur gering im Vergleich zur Lust, das zu machen, was er gerade tut. Wenn Sie ein absolut verbindliches Abbruchsignal etablieren möchten, muss die Reglementierung Ihres Hundes beim Ignorieren des Stoppsignals äußerst

Auch bei starker Reizlage, wie Beute in der Nähe, muss Ihr Grauer sich jederzeit stoppen und abrufen lassen.

nachhaltig sein. Ihr Weimaraner sollte so beeindruckt davon sein, dass ihn diese Erfahrung möglichst für immer davon abhält, Ihr „Nein“ oder „Stopp“ nochmals infrage zu stellen. Welcher Art und wie stark diese Reglementierung sein muss, hängt vom jeweiligen Hund und von der Motivation ab, die den Grauen zu dem unerwünschten Verhalten treibt.

Deutliche Binärsprache

Achten Sie unbedingt darauf, dass Sie beim ersten Anzeichen von Unsicherheit und defensivem Verhalten, das ein Hund bei einer Reglementierung zeigt, sofort in positives Verhalten wechseln und ihn zur Kontaktaufnahme motivieren. Machen Sie sich noch einmal die Binärsprache (siehe Seite 121) bewusst, damit Sie diese situationsgemäß richtig anwenden!

Stoppen kann Leben retten

Das Befolgen eines Stoppsignals kann für den Hund lebenswichtig sein. Stellen Sie sich vor, Sie gehen spazieren, eine Katze springt vor Ihrem Grauen auf und überquert die Straße. Ihr unangeleinter Hund sieht diese, hetzt hinterher und damit auch über die Straße. Was, wenn gerade jetzt ein Auto käme? Das kann böse enden.

Auch viele andere Situationen im Alltag erfordern einen sicheren Verhaltensabbruch beim Hund. Sei es, um das Aufnehmen von Unrat, das Sich-Wälzen in Kot, das Belästigen oder Bedrängen fremder Menschen oder Artgenossen zu verhindern. Bei einem passionierten Jagdhund kommen außerdem noch das Verfolgen von Wildspuren und das sichtige Hetzen von Wild hinzu. Es gilt prinzipiell, jede potenzielle Gefahr auf ein Mindestmaß zu minimieren.

1 *Die Beute liegt, „Emma" steht vor.*
2 *Erst das Hörzeichen „Toc" erlaubt den Zugriff.*

Einsatz der Reizangel

Bei der Ausbildung eines Vorstehhundes ist die Reizangel sowohl für den jagdlich als auch für den in Familienhand geführten Weimaraner ein einfaches und nützliches Hilfsmittel, um sicheres Vorstehen und etliches mehr zu üben. In den letzten Jahren hielt unsere Art des Reizangeltrainings vor allem durch unsere DVDs Einzug in die Hundeausbildung.

Die Reizangel

Die Reizangel ist ein ca. 3 – 4 Meter langer Stock aus elastischem Holz (zum Beispiel Haselnuss), an deren Ende eine ca. 3 – 4 Meter lange, dünne Schnur angebracht wird. An das Schnurende kommt die Beute (Dummy, Feder oder Fell).

Die Reizangel sinnvoll einsetzen

Ziel ist, die Leidenschaft des Weimaraners, Beute zu verfolgen, unter Signalkontrolle zu bringen. Richtig eingesetzt können Sie mithilfe der Reizangel das Vorstehen fördern, Hetzen unterbinden, und vor allem: den überaus wichtigen Verhaltensabbruch unter Zuhilfenahme eines Hörzeichens oder Pfiffes einüben.

Vorstehen als Strategie

Durch geschickten Einsatz der Reizangel kann man einem Vorstehhund beibringen, dass nur sein Erstarren (= Vorstehen) vor der Beute und die vorsichtige Distanzverringerung dazu führen, näher an diese heranzukommen, um sie dann (nur auf Ihr Kommando) packen zu dürfen. Je nach Veranlagung Ihres Weimaraners und Ihrer Geschicklichkeit kann es Ihnen schon nach wenigen Augenblicken gelingen, ihn zuerst in das gewünschte Bewegungsmuster (Erstarren) und dann zum Wechsel in das nächste Bewegungsmuster (Zupacken auf Hörzeichen) zu bringen. Anders als beim verselbstständigten Hinterherhetzen von Beute bringen Sie hier Ihren Weimaraner dazu, dass er Sie ins Geschehen miteinbezieht, weil er im Zusammenwirken mit Ihnen einen größeren Erfolg bei der Jagd erlebt.

Wichtig! Ein gefestigtes Vorstehverhalten des Hundes hilft Ihnen, in freier Natur sofort zu erkennen, wann Ihr Silbergrauer Wild wahrnimmt. So können Sie rechtzeitig reagieren und ihn präventiv abrufen, ohne dass er loshetzt oder es zu Wildkontakt kommt.

Lustbetonte Übungen mit dem Ziel „Gehorsam bei Reizlagen"

Sie können bereits mit Ihrem jungen Weimaraner auf spielerische Art und Weise ein

Stoppen auf Hörzeichen mithilfe der Reizangel einüben. Das geht so: An der Reizangel verwandeln Sie das Dummy zum „lebendigen" Beutestück und lehren dabei Ihren Hund, dass er nur durch Bewegungsverharrung und nicht durch Hetzen zum Erfolg kommt. Ein Verharren (Vorstehen) bestätigen Sie mit einem leisen „Stopp". Stoppt er, darf er das Dummy als Belohnung durch Ihr auslösendes Signal wie zum Beispiel „Toc" greifen und apportieren. Sie können den Laut „Stopp" auch durch einen Pfeifton ersetzen.

Im nächsten Übungsschritt fordern Sie ein augenblickliches Stoppen bereits ein. Der Hund hetzt hinter dem an der Reizangel befestigten Dummy her. Plötzlich rufen Sie „Stopp!" oder verwenden den Triller einer Pfeife. Stoppt der Hund, stoppen auch Sie die Beute, indem Sie diese auf dem Boden zum Liegen bringen. Als Belohnung darf der Hund sie auf Kommando ergreifen, apportieren und gegen Futter eintauschen. Reagiert Ihr Hund nicht auf Ihr Stoppsignal, muss die Beute sofort aus seinem Einwirkungsbereich durch Hochziehen entfernt werden. Zusätzlich kann das Nichtbefolgen des Stopplautes in eben diesem Augenblick mit einer dem Hund angepassten Reglementierung belegt werden. Weitere Übungssequenzen finden Sie auf unseren DVDs.

Vorstehen

Die Grundmotivation zum Vorstehen (Verharren und Erstarren am Wild) ist bei Ihrem Weimaraner genetisch vorgegeben. Das Vorstehen wird durch einen Reiz ausgelöst, zum Beispiel dem Riechen von nicht sichtigem Wild oder dem Anblick von Wild.

Fraglicher Einsatz der Reizangel

Wenn die Reizangel nur dazu benutzt wird, den Hund täglich längere Zeit hinter Beute nachhetzen zu lassen, um ihn zu bewegen und müde zu machen, wird lediglich unkontrolliertes Jagdverhalten gefördert. Damit erhöht sich die Gefahr, dass der Hund beim Anblick von fliehendem Wild in höchste Erregung gerät und den Gehorsam verweigert.

WER EINMAL EINEN WEIMARANER GENIESSEN KONNTE, KOMMT DAVON NICHT MEHR LOS.

Frauke Artz, Weimaraner-Halterin, www.hundskerle.de

Weimaraner richtig beschäftigen

Apportieren

Ein Jagdhund wie der Weimaraner ist mit langweiligen Spaziergängen selten zufrieden. Schnüffeln, im Revier herumstöbern, Beute machen, also Jagen gehen, entspricht seiner Natur, lastet sein Hundegehirn aus und macht ihn letztendlich zufrieden und müde. Deshalb sollte der Weimaraner während eines Spazierganges oder einer gemeinsamen Aktivität nicht nur körperlich, sondern vor allem geistig gefordert werden. Um diesen intelligenten Hund tatsächlich geistig auszulasten, muss man sich einiges einfallen lassen. Am besten eignen sich Beschäftigungen, die den Arbeiten aus dem Jagdbereich ähneln, sodass der Weimaraner seine angeborenen Talente und Fähigkeiten ausleben kann. Dazu gehört zum Beispiel das Apportiertraining mit Dummys.

Apportiersport statt Jagd

Dummyarbeit wurde ursprünglich entwickelt, um junge Hunde an die jagdliche Praxis heranzuführen, ohne schon zu Beginn mit Wild arbeiten zu müssen. Das ist noch heute so. Mit der Dummyarbeit festigt man das Suchen, Finden und Bringen von Beute, bevor es an die eigentliche Ausbildung zum Jagdhund und die Arbeit mit Wild geht. Bei den meisten Weimaranern ist der Wille, Beute zu suchen, stark ausgeprägt, es macht ihm also von Natur aus großen Spaß. Je häufiger der Hund Gelegenheit hat, in verschiedenen Übungsanordnungen Dummys (= Beute) zu suchen, zu finden, heranzubringen und gegen eine Belohnung einzutauschen, desto stärker wird ihn das motivieren, für das Finden von Beute auch längere Fährtenspuren zu verfolgen.

Die Arbeit mit Dummys ist nicht nur für die Ausbildung der jungen Hunde sinnvoll, sie eignet sich auch hervorragend dazu, den hohen Leistungsstand des Jagdhundes außerhalb der Jagdsaison aufrechtzuerhalten. Prinzipiell sind abwechslungsreiche

Suchen und Apportieren sind neben der Jagd die Lieblingsbeschäftigungen des Weimaraners.

Apportierübungen mit Dummys für einen Weimaraner die beste Alternativbeschäftigung, wenn er seine Talente nicht als Jagdhund ausleben kann beziehungsweise soll.

Wichtig! Grundvoraussetzung für erfolgreiche Dummyarbeit ist: Interesse an der Suche, Konzentration auf die Aufgabe, Führigkeit, freudiges Apportieren, gute Bindung, Ruhe, Warten im Bleib.

Dummyangebot

Dummys werden heute in großer Vielfalt angeboten. Damit es bei Ihrem Silbergrauen nicht so schnell zur Reizermüdung kommt, empfehlen wir Dummys in vielen unterschiedlichen Formen und Materialien zu verwenden, da diese seine Nase immer wieder aufs Neue erregen. Dummys geben im Vergleich zu Wildteilen meist relativ wenig

Duftstoffe ab, weshalb der Hund intensiv und konzentriert suchen muss und seine Nasenleistung auf diese Weise gut trainiert wird.

Jute-Dummys

Jute gibt einen charakteristischen Eigengeruch ab, speichert aber auch Fremdgeruchsstoffe, wie zum Beispiel den menschlichen Eigengeruch. Jute-Dummys eignen sich gut zum Schleppeziehen, da sich feine Härchen vom Dummy lösen. Mittels der am Dummy angebrachten Handschlaufe kann dieses an Äste o. Ä. gehängt werden, damit der Hund auch in der Höhe suchen muss. So bleibt die Arbeit immer spannend für ihn.

Canvas-Dummys

Das Canvas-Dummy ist eines der bekanntesten und meistverwendeten Dummys, das in vielen Größen, Farben, Ausführungen und Gewichtsklassen angeboten wird. Canvas ist ein spezieller Stoff, der extrem reißfest ist. Weil dieser robuste Apportiergegenstand auch schwimmt, eignet er sich zudem hervorragend zu Apportierübungen am und im Wasser.

Fell-Dummys

Für die jagdliche Einarbeitung des Weimaraners setzen wir für den Apport von Haarwild und zur Schleppen- und Fährtenarbeit Canvas-Dummys ein, die mit echtem Kaninchenfell überzogen sind. Bei nicht jagdlich geführten Weimaranern raten wir hinsichtlich der Verwendung von Naturfell-Dummys

eher ab, denn das Greifen in Fell, Packen oder eventuell sogar Schütteln des Dummys löst beim Hund Lust aus und fördert somit seinen naturgegebenen Jagdtrieb, was bei einem Familienhund nicht wünschenswert ist!

Allzweck-Dummys

Es gibt eine Vielfalt von Dummys, die an Land und im Wasser verwendet werden können, wie beispielsweise Tauben-, Fasanen-, oder Stockentenattrappen, die aus weichem Kunststoff gearbeitet sind und in Gewicht, Größe und Form echtes Wild imitieren. Interessant für den Hund ist ein Schwimmring aus Vollgummi, der knapp unter der Wasseroberfläche treibt. Um diesen greifen zu können, muss der Hund differenziert zupacken,

da sonst das Dummy wegtaucht. Tief schwimmende Dummys sind reizvoll für den Weimaraner, eben weil sie verschwinden. (Auch die Ente taucht weg.) Der Hund wird angespornt, weil die Beute flieht und sich seinem Zugriff entzieht, er sie jedoch erwischen will. Auch zwingt diese Art von Wasser-Dummy den Hund zum Naseneinsatz, da er das Dummy beim Schwimmen nicht sehen kann, sondern erschnüffeln muss.

Apportieren ist nicht Stöckchen- oder Bällchenjagen

Der Begriff „Apportieren" kommt aus dem Lateinischen: apportare = herbeibringen, und bezeichnete seit jeher das Herbeibringen des vom Jäger geschossenen Haar- oder Federwildes durch dessen Jagdhund. Leider

Machen Sie keinen Ball-Junkie aus Ihrem Weimaraner! Denn auf diese Weise fördern Sie weder Intelligenz noch Ruhe und Ausgeglichenheit.

bezeichnen Hundehalter heutzutage meist das Bringen von weggeworfenen Stöcken oder Bällen als Apportieren. Sinnvolle Apportieraufgaben sind jedoch weit mehr als das unbedachte Werfen von Stöckchen oder Bällen, denen der Hund gedankenlos in erhöhtem Erregungszustand hinterherhetzt. Schauen Sie sich „objektfixierte" Hunde einmal genauer an. Erregt hechelnd, den Blick auf den Ball in der Hand von Frauchen oder Herrchen fixiert, lauern sie wie aufgezogen darauf, endlich hinter dem fliehenden Objekt herhetzen zu können. Völlig verselbstständigt tauchen sie in einem Rausch von Glückshormonen in eine Welt ein, die keinen Gedanken mehr an ihr soziales Gegenüber (gemeint sind Sie) verschwendet. Solche Hunde sind wie Junkies. Diese Pseudoform des Apportierens fördert weder die Intelligenz Ihres Weimaraners noch seine Ruhe und Gelassenheit. Man braucht nicht viel Fantasie, um sich vorstellen zu können, welche Freude und Lust solch ein Hund erst empfindet, wenn er zufällig an Wild kommt und seine Instinkte mit ihm durchgehen. Was dann passiert, ist ein sich selbst belohnendes Verhalten, das nur noch schwer unter Signalkontrolle zu bekommen ist. Wollen Sie das?

Apportieren mit Köpfchen statt instinktgetriebene Wilderei

Bieten Sie Ihrem Grauen zwecks Beschäftigung besser Apportieraufgaben an, die ihn geistig fordern und die dazu beitragen, dass Sie ihn in freier Natur bei Wildaufkommen besser kontrollieren können.

Beute freiwillig überlassen

Ein Hund ist außer an Reproduktion und Fressen immer daran interessiert, Beute für sich in Besitz zu nehmen. So geht es auch bei vielen sozialen Interaktionen unter Hunden um die Frage: „Meins oder deins?" Prinzipiell will ein Hund Beute immer für sich behalten, deshalb macht es Sinn, wenn Sie Ihren Weimaraner dazu bringen, Ihnen Beute freiwillig zu überlassen. Wie geht das?

Erstes Bringen beim Welpen

Wie immer ist es das Beste, so früh wie möglich damit zu beginnen. Sobald Ihr Welpe anfängt, Gegenstände aufzunehmen und herumzutragen, sollten Sie dies positiv bestärken und ihn dazu motivieren, den Gegenstand (Beute) heranzubringen und Ihnen im Tausch gegen Futter zu überlassen. Damit ist ein wichtiger Grundstein für spätere Apportierübungen gelegt. Sie können im nächsten Schritt dazu übergehen, bewusst kleine, weiche und leichte Dummys auszulegen, und den Welpen darauf aufmerksam machen. Dann motivieren Sie ihn zum Aufnehmen und Apportieren, denn er hat ja die Erfahrung gemacht, dass Beutebringen immer mit Futter belohnt wird. Durch das Tauschprinzip „Beute gegen Futter" entwickelt sich schon früh eine ausgeprägte Bring- und Apportierfreude.

Schon der Welpe zeigt eine ausgeprägte Freude am Suchen und Apportieren von Beute.

Wichtig! Dummys dürfen nur zum Training benutzt werden. Überlässt man dem Hund Dummys zum „Spielen", fördert dies eventuell unerwünschte Verhaltensweisen wie das In-Sicherheit-Bringen (zum Beispiel durch Vergraben) oder das Zerkauen (= provozierendes Imponierkauen) von Beute.

Tauschhandel heißt teilen

Handelt es sich bei einem erbeuteten Stück um etwas so Wertvolles wie zum Beispiel einen Knochen oder sonstiges Fressbares, dann müssen Sie Ihrem Weimaraner schon etwas Besonderes anbieten, wenn er mit Ihnen tauschen soll. Tadeln Sie die Apportierfreude Ihres Hundes auch dann nicht, wenn er Ihnen Pferdeäpfel, eine tote Maus oder einen halb verwesten Vogel bringt. Freuen Sie sich über solche Beute ganz besonders, selbst wenn der Ekel es Ihnen schwer macht. Tauschen Sie das „gute Stück" gegen ein besonders gutes Leckerli wie Käse oder Streichwurst ein, denn diesmal hat Ihr Grauer Ihnen nicht nur ein Dummy oder ein Holzstück gebracht, sondern echte Beute, und noch dazu, um sie Ihnen zu überlassen! Denken Sie an unser Erlebnis mit „Herrn Quibinger" und „Emma", die uns Giftiges brachten, was für beide Hunde lebensrettend war (siehe Seite 86).

Ruhe und Konzentration

Bei Apportierübungen ist es wichtig, dass Ihr Hund zuverlässig im „Sitz" wartet, Sie sich von ihm entfernen und wieder zu ihm zurückkommen können, ohne dass er unruhig wird oder gar aufsteht. Damit fördern Sie seine Ruhe und die Konzentration an Ihrem Handeln bei der gemeinsamen Aktivität. Ein Hund, der Ihnen aufmerksam und neugierig zusieht, während Sie ein Dummy verstecken, und dessen Spannung Sie noch dadurch anstacheln, dass er nicht gleich loslegen darf, geht ganz anders an eine Apportierübung heran als ein Hund, der dem Bewegungsreiz eines geworfenen Dummys erliegt.

Spannung aufbauen

Bevor Sie Ihren Grauen auf die Suche nach einem Dummy schicken, können Sie Spannung bei ihm aufbauen, indem Sie so tun, als würden Sie sich selbst für das Dummy brennend interessieren und als wollten Sie jeden Moment selbst losrennen, um es zu suchen. Gleichzeitig blocken Sie den Hund jedoch noch mit einer Hand, während die andere Hand und Ihr Körper schon in Richtung Dummy weisen. Erst wenn sich der Hund gespannt, äußerst motiviert und interessiert zeigt, dann schicken Sie ihn mit einer deutlich richtungweisenden Geste zur Suche.

„Emma" bringt nicht nur jedes Dummy freudig, selbst Fische werden in Sicherheit gebracht.

Wichtig! Ihre Körperspannung und Ihr Interesse am Dummy spannen den Hund, das heißt, er ist auf Sie konzentriert. Sie lösen ihn aus und nicht sein Interesse, die Beute zu jagen (siehe Foto Seite 129).

Richtungweisende Gesten

Apportierübungen lassen sich vielfältig abwandeln und in ihrem Schwierigkeitsgrad steigern. Legen Sie zum Beispiel vier Dummys in vier verschiedenen Richtungen aus, währenddessen der Hund ruhig zusehen soll, um die „Liegeplätze" der Dummys bewusst wahrzunehmen. Nacheinander wird er nun durch richtungweisende Gesten zum aktuell zu apportierenden Gegenstand geschickt.

Als Nächstes legen Sie mehrere Dummys nicht sichtbar für den Hund aus. Wenn er jetzt bei der Suche von sich aus kurz Blickkontakt zu Ihnen aufnimmt, lenken Sie ihn mit deutlicher Geste weiter in Richtung Dummy. Da Ihr Weimaraner hierdurch immer wieder Erfolg hat, gewinnen Ihre Körpersignale für ihn an Bedeutung und er wird sich künftig immer stärker daran orientieren.

Apportieren ist überall möglich

So bieten sich an:

- Der Garten, denn dort kann sich Ihr Grauer nicht entziehen.
- Der Weg, so wird der Spaziergang interessanter und der Weimaraner verabschiedet sich nicht plötzlich zum Jagen.
- Wald und Flur, unter Umständen mit einer Feldleine abgesichert, damit der Hund nicht auf Wild umsetzen kann.
- Auf dem Übungsgelände einer Hundeschule.
- Hilfsarbeiten im Haus, Spaß für Mensch und Hund.

Auf dem Weg bleiben

Lassen Sie Ihren Silbergrauen bei Spaziergängen in der Natur nicht abseits von Wegen frei umherstreunen und beliebig Spuren aufnehmen. Das fördert nur sein Interesse an Wild und führt dazu, dass das Laufen an Ihrer Seite auf dem Weg immer langweiliger wird, weil es abseits des Weges viel interessanter ist. Lassen Sie Ihren Weimaraner stattdessen die Erfahrung machen, dass es spannend ist, auf dem Weg zu bleiben.

Auf Wegen ist es spannend

Auf übersichtlichen und ablenkungsarmen Wegen können Sie während des Spaziergangs immer wieder Dummys „verlieren“. Lassen Sie unterwegs unauffällig ein Dummy fallen und gehen Sie mit Ihrem Weimaraner ein Stückchen weiter. Dann bringen Sie ihn ins „Sitz“, konzentrieren den Hund auf sich und schicken ihn mittels richtungweisender Geste und Suchaufforderung den Weg zurück zwecks Suche und Apport.

Je nach Gehorsam des Hundes und Verkehrslage können Sie nach und nach die Distanz zum Dummy auf etliche Hundert Meter vergrößern oder mehrere Dummys „verlieren“ und diese alle nacheinander einsammeln lassen.

Verlorensuche

Bei der sogenannten Verlorensuche legen Sie Dummys nicht sichtbar für den Hund in einem zuvor definierten Gebiet aus. Ihr Vierbeiner sucht dann dieses Gebiet systematisch

Dummys am Weg versüßen den Spaziergang.

Ein Weimaraner kann manchmal auch den Butler ersetzen.

nach Apportiergegenständen ab. Helfen Sie Ihrem Grauen durch „Ja“ und richtungsweisende Gesten, wenn er im richtigen Bereich sucht, und kommunizieren Sie ihm durch „Nein“, wenn er auf der „falschen Fährte“ ist. In Wiesen, Feldern oder Büschen sollte Ihr Grauer grundsätzlich nur dann herumstöbern, wenn Sie dort etwas versteckt haben, das er suchen und apportieren darf. Besteht die Gefahr, dass sich Ihr Hund entziehen könnte, um seine eigenen Ideen zu verfolgen, lassen Sie ihn besser an einer langen Leine von circa zehn Metern suchen.

Schlüssel suchen

Haben Sie schon einmal Ihren Schlüssel verloren? Hier könnte Ihr Weimaraner helfen! Üben Sie dazu einfach einmal „Schlüsselsuchen“.

Kleine Gefälligkeiten im Alltag

Die meisten Weimaraner, die wir kennen, würden gern den ganzen Tag etwas herumtragen, sie lieben das Apportieren. Wir nutzen das auch bei unserer „Emma“, die sich immer freut, wenn sie einige Hilfsarbeiten für uns erledigen kann. So darf sie zum Beispiel die Zeitung oder Briefe ins Haus tragen, hilft mit, den Einkauf ins Haus zu bringen, sofern dieser leicht genug und es von Inhalt und Verpackung her möglich ist.

Um unsere Rücken zu schonen, hebt „Emma“ alles vom Boden auf, worum wir sie bitten. Das kann die Leine oder das Halsband, aber auch ein Stift sein, der zu Boden gefallen ist. Sie versteht sofort, wenn man sie bittet: „Emma, bring!“ und ihr mit einer richtungweisenden Geste und durch „Ja“ vermittelt, was man haben möchte.

Nase hoch und den Wind nutzen

Lassen Sie Ihren Weimaraner auch Apportiergegenstände suchen, die sich an erhöhten Plätzen (Baumstumpf, Kiste, Stein etc.) oder zum Beispiel an einem Zweig im Gebüsch befinden, damit er lernt, die Nase nicht nur am Boden einzusetzen. Lassen Sie Ihrem Grauen bei der Suche nach dem Dummy Zeit. Wird er nicht von allein fündig, bringen Sie ihn über richtungweisende Gesten so an den Wind, dass er den Geruch möglichst gut in die Nase bekommt. Schnell lernt er, intelligent selbst den Wind zu nutzen.

Verweisen

Als Verweisen bezeichnen wir Verhaltensweisen des Hundes, mit denen er uns anzeigt, dass er Beute gefunden hat, diese aber, weil sie entweder für ihn zu schwer oder unerreichbar ist, nicht aufnehmen und bringen kann. Um Ihren Weimaraner zum Verweisen zu bringen, können Sie ein Dummy beispielsweise so unter einem Holzstoß oder Baumstamm verstecken, dass er es problemlos erschnüffeln, jedoch mit seinem Maul nicht greifen und mit der Pfote nicht herauskratzen kann. Nach einigen Minuten erfolgloser Versuche, in den Besitz der Beute zu gelangen, wird Ihr Weimaraner wegen der für ihn äußerst unbefriedigenden Situation immer erregter werden. Er wird nach Wegen suchen, Ihnen die missliche Lage zur Kenntnis zu bringen.

Anzeigeverhalten

Jeder Hund hat eine andere Art und Weise sich mitzuteilen, dass er das Beuteobjekt gefunden hat. Sinnvoll ist es deshalb, sein Anzeigeverhalten gemäß seiner Veranlagung zu fördern. So kann der Hund seinen Halter zum Beispiel durch lautes Bellen (Verbellen) zu sich rufen, oder er kehrt zu ihm zurück und zeigt durch sein Verhalten deutlich an, dass er gefunden hat (Rückverweisen).

Verbellen

Beim Verbellen verweilt der Hund bei dem gefundenen Objekt und bellt so lange, bis der Halter am Fundort eintrifft. „Herr Quibinger“ war ein klassischer Verbeller.

Das Bringsel hängt am Halsband des Hundes. Nachdem er die Beute gefunden hat, nimmt der Hund das Bringsel ins Maul, läuft zurück und führt den Halter zur Fundstelle.

Rückverweisen

Bei dieser Art des Verweisens gibt es zwei Anzeigemöglichkeiten: das Freiverweisen oder das Bringselverweisen.

Der Freiverweiser läuft so lange zwischen dem gefundenen Objekt und seinem Halter hin und her, bis dieser mit ihm die Fundstelle erreicht hat.

Beim Bringselverweisen nimmt der Hund, wenn er das Beuteobjekt gefunden hat, das an seinem Halsband befestigte Bringsel ins Maul und läuft damit zu seinem Halter zurück, um ihm den Fund mitzuteilen und ihn dann zur Fundstelle zu führen. Unsere „Emma" ist eine ausgezeichnete Bringselverweiserin.

Echte Partnerschaft

Ein Hund, der anzeigt, dass er gefunden hat, kommuniziert: „Komm, ich brauche dich! Ich schaffe es nicht allein!" Er bezieht uns Menschen mit ein. Das ist echte Teamarbeit!

Spannend bleiben

Stellen Sie Ihren Weimaraner vor immer neue Apportierherausforderungen und variieren Sie deren Übungsaufbau ständig. So fördern Sie den Hund darin, neue Lösungsstrategien zu entwickeln, anstatt sich in immer gleich ablaufenden Übungen zu langweilen. Sie bleiben für ihn interessant, fördern sein Kontakthalten, lasten ihn aus und festigen die Beziehung zu ihm.

Apportieren aus dem Wasser

Apportieren aus dem Wasser ist eine spannende und abwechslungsreiche Beschäftigung für einen Weimaraner, die bei angenehmer und nicht zu kalter Wassertemperatur eine gute körperliche Auslastung gestattet.

Erster Kontakt mit Wasser

Für die ersten Erfahrungen Ihres Welpen mit dem Element Wasser suchen Sie bei warmen Wassertemperaturen flache Wasserstellen auf, die Sie zusammen mit Ihrem Welpen durchwaten können. Sobald der Kleine das Wasser problemlos annimmt, legen Sie ein kleines leichtes Schwimmdummy nah vor ihm ins Wasser und motivieren ihn dazu, es herauszuholen.

Schwimmen lernen

Die Fähigkeit zu schwimmen ist den meisten Hunden angeboren, dennoch sollten Sie einen Welpen nicht überfordern, indem Sie ihn zu früh mit tiefen oder strömungsreichen Gewässern konfrontieren. Zwingen Sie den kleinen Hund nicht zum Schwimmen, machen Sie ihn lieber schrittweise mit tieferem Wasser und Strömungseffekten vertraut. Sollte er Scheu vor dem Nass zeigen, ist es hilfreich, einen schwimmerfahrenen Hund als Begleitung mitzunehmen, dem der unsichere Welpe oder Junghund zunächst beim Schwimmen und Apportieren zusehen darf. Lassen Sie den älteren Hund zuerst in Ufernähe Schwimmdummys aus dem Wasser holen. Die Beobachtung des erfahrenen Hundes wird den Welpen motivieren, es ihm gleichzutun, und sein Vertrauen in die Ungefährlichkeit dieser Aktivität stärken.

Abwechslung Land – Wasser

Kombinieren Sie Land- und Wasser-Apportierübungen. Das heißt, der Hund sucht ein Dummy an Land, dann eines im Wasser und wieder eines an Land.

Diese Langhaar-Weimaraner lieben das Apportieren aus dem Wasser.

Apportieraufgabe mit Gewässerdurchquerung

Ist Ihr Hund schließlich ein sicherer Schwimmer mit ausreichend Kondition geworden, dann intensivieren Sie die Wasserarbeit, indem Sie an Bäche, schmale, flache Flüsse, an flache Engstellen von Weihern oder Seen gehen. Während Ihr Weimaraner am Ufer im Sitz wartet, durchqueren Sie das Gewässer und legen das Dummy am anderen Ufer deutlich sichtbar für ihn ab. Nachdem Sie zu ihm zurückgekehrt sind, motivieren Sie ihn mit deutlichen Gesten dazu, die Wasserstelle zu durchqueren, das Dummy aufzunehmen und zu Ihnen zu bringen. Sollten Sie ein Gewässer selbst nicht durchqueren wollen oder können, dürfen Sie das Dummy auch auf das gegenüberliegende Ufer werfen, während Ihr Weimaraner Ihnen dabei zusieht. Achten Sie aber stets darauf, dass Ihr Hund ruhig Ihre Aufforderung zum Suchen und Apportieren des Dummys abwartet und nicht bereits, ausgelöst durch den Bewegungsreiz des Werfens, „kopflos“ losstürmt (siehe Seite 152).

Hier ist „Emmas" Nase gefragt, denn sehen kann sie den Schwimmring nicht. Doch gute Nasen „sehen" alles!

Wasserapport als Verständigungsübung

Erhöhen Sie die Anforderungen an Ihren Weimaraner schrittweise und überprüfen Sie dabei, wie sattelfest Sie in der Anwendung der Binärsprache sind, indem Sie versuchen, ihm nur durch „Ja" und „Nein" sowie richtungsweisende Gesten den Weg vorzugeben, den er nehmen soll. Dabei ist es sinnvoll, ein Dummy nicht sichtbar für den Hund auf der anderen Uferseite auszulegen oder ein spezielles Wasserdummy ins Wasser zu werfen, das durch sein Eigengewicht so knapp unter der Wasseroberfläche treibt, dass der Hund es nicht sehen, sondern nur über den Einsatz seiner Nase oder Ihrer Hilfsgesten finden kann (siehe Foto mit Schwimmring). Bei solchen Übungen zeigt sich, wie gut Ihr Hund sich von Ihnen dirigieren lässt. Der Erfolg, das Finden des Dummys, wiederum bestätigt den Hund darin, dass das Befolgen Ihrer Signale hilfreich für ihn ist. Dies stärkt sein Vertrauen in Sie und Ihre Signale. Ihr Hund wird sich gern von Ihnen führen und leiten lassen.

Einsatz der Nase

Nasenarbeit ist Konzentrationsarbeit. Auch im Wasser setzt der Weimaraner seine Sinnesorgane, vor allem seine Nase, ein. Auf der Wasseroberfläche setzen sich beim Werfen eines zuvor ins Wasser getauchten Dummys

Manche Weimaraner brauchen etwas zusätzlichen Auftrieb. Hier verhelfen Hundeschwimmwesten zu mehr Freude am Wasser.

durch die abperlenden Wassertropfen mikroskopisch kleine Geruchspartikel ab, die den Eigengeruch des Dummys mit sich tragen. Das ergibt für den Hund eine Spur, der er folgen kann. Auch kreisförmige Wellen, die sich um die Aufschlagstelle eines ins Wasser geworfenen Dummys bilden, führen Geruchsspuren mit sich, die für den Hund bei der Suche im Wasser relevant sind. Durch den Einsatz diverser Schwimmdummys aus Canvas (siehe Seite 150), die auch noch unterschiedlich schwer sind, sowie befüllbare Wasserdummys, Enten- und Taubenattrappen, Schwimmringe etc. wird die Suche für den Hund spannend und abwechslungsreich.

Tipp

Verwenden Sie eine Schwimmweste

Bei Weimaranern, die unsicher schwimmen oder Ängste im Zusammenhang mit der Wasserarbeit zeigen, kann die Hundeschwimmweste eine wertvolle Hilfe sein, weil sie für zusätzlichen Auftrieb sorgt und Sicherheit gibt. Ein Griff an der Schwimmweste ermöglicht dem Halter, den Hund am Anfang zusätzlich noch zu halten oder hochzuheben. Beim Bootfahren sollte auch der Hund zu seiner Sicherheit immer eine Schwimmweste tragen.

Bei Wasserapportierübungen beachten

- Das Wasser darf nicht zu kalt sein!
- Das Halsband immer abnehmen, damit der Hund nirgendwo hängen bleiben kann.
- Den Hund nicht zu lange im Wasser lassen, damit er nicht unterkühlt.
- Den Hund nicht nass ablegen, sondern ihn zuerst mit einem Handtuch trocken reiben und dann warm laufen lassen.
- Nicht unbedacht das Jagdverhalten fördern! Bedenken Sie bei der Wahl des Übungsgeländes, dass in Schilf- und Randbereichen vieler Gewässer Wild zu finden ist.

Ihr Hund sollte Wasser immer ruhig und besonnen annehmen. Lassen Sie ihn nie ungestüm ins Wasser springen! Es besteht Verletzungsgefahr, denn Sie wissen nicht, was sich in unbekannten Gewässern unter der Oberfläche befindet.

Spurensuche

Ein Weimaraner sucht gern und ausdauernd mit tiefer Nase. Durch Fährtentraining lässt er sich neben seinen jagdlichen Aufgaben in seiner „Freizeit“ auch von den anderen Familienmitgliedern sinnvoll und auslastend beschäftigen. Durch gezielte Suchübungen, bei denen er Menschenspuren ausarbeiten soll, lässt der Graue sich gut von Wildspuren auf Menschenspuren umlenken. Beim ausschließlich als Familienhund gehaltenen Weimaraner sollte das Ziel sein, dass der Hund sein Interesse an Wildspuren idealerweise gänzlich verliert, während die Spuren von Menschen für ihn in den Vordergrund rücken. Dazu wird er spurrein eingearbeitet. Das heißt, er lernt sich bei der Fährtenarbeit immer auf eine spezielle Spur zu konzentrieren und dabei nicht auf Fremdspuren (Verleitungen) umzusetzen.

Das Geruchsbild

Für die Hundenase setzt sich das Geruchsbild einer Spur deutlich vom übrigen Untergrund ab. Er sieht die Spur gewissermaßen mit der Nase, ähnlich wie der Mensch eine gezogene Bleistiftlinie auf einem Blatt Papier. Durchläuft ein Mensch oder Tier ein Gelände, entstehen Bodenverletzungen (zum Beispiel zertretene Gräser) und es werden auch Kleinstlebewesen zertreten. Dadurch strömen Gerüche aus, die der Hund mit seiner feinen Nase aufnehmen und von den anderen Gerüchen der Umgebung unterscheiden kann. Jede Spur hat ihr individuelles Geruchsbild. Das ermöglicht es dem Hund, unterschiedliche Spuren voneinander zu unterscheiden, selbst wenn sich diese kreuzen. Zusätzlich geben Mensch oder Tier, die die Spur getreten haben, Geruchsstoffe ab, die sich aus Hautschuppen, Fell, Haaren, Kleidungsflusen oder den von Schuhen abgegebenen Geruchsstoffen zusammensetzen.

Auf der Spur bleiben

Ebenso wie der Hund dazu erzogen wurde, auf dem Weg zu bleiben, kann man ihm beibringen, auf einer klar definierten Spur zu

bleiben und andere Spuren zu ignorieren. Soll Ihr Weimaraner prinzipiell nur auf Menschenspuren geprägt werden, dann müssen Wildspuren generell mit einem unmissverständlichen, konsequenten „Nein“ belegt und jeglicher Versuch des Verfolgens dieser Spuren klar reglementiert werden. Umgekehrt wird das Ausarbeiten von definierten Menschen- oder Dummyspuren intensiv gelobt und reichlich belohnt. So verknüpft der Hund schnell, welche Spuren er meiden sollte und welches Suchverhalten bei Erfolg entsprechend belohnt wird.

Schleppe

Eine durchgehende Geruchsspur wird als Schleppe bezeichnet. Erzeugen lässt sich so eine Spur durch das Hinterherziehen eines an einer Schnur befestigten Dummys. Das gefundene Dummy darf der Hund zum Ausgangspunkt, der beispielsweise durch einen Rucksack oder ein Kleidungsstück markiert wurde, zurücktragen. Dort wird er auch für seinen erfolgreichen Apport belohnt.

Die Spurensuche ist eine spannende Aufgabe für den passionierten Jagdhund.

Dummyschleppe

Das Verfolgen einer Dummyschleppspur ist eine weimaranergemäße, hochinteressante Beschäftigung für Ihren Hund. Auch hier soll das natürliche Interesse Ihres Weimaraners an Wildspuren auf die von Menschen erzeugten Spuren umgelenkt werden. Im Alltag können Sie die tägliche Fütterung damit verknüpfen, dass Ihr Hund vor dem Fressen die Schleppspur eines Dummys erfolgreich ausarbeitet und das Dummy apportiert. In einem nächsten Schritt können Sie die Aufgabenstellung erschweren, indem Sie die Dummyschleppe in Gebiete mit Wildaufkommen verlagern und den Hund dort zum Suchen schicken. Arbeiten Sie den Hund jedoch vorsichtshalber erst einmal an einer langen Leine ein, um zu verhindern, dass er auf Wildspuren umsetzt oder sich entzieht. Setzt Ihr Weimaraner bei der Suche zuverlässig nicht (mehr) auf Wildspuren um,

können Sie ihn die Schleppe unangeleint und ohne Ihre Begleitung nachsuchen und das Dummy apportieren lassen.

Wichtig! Grundvoraussetzungen für die Arbeit auf der Schleppe sind: Interesse an der Spurensuche, Führigkeit, freudiges Kommen, freudiges Apportieren, gute Bindung.

Fährte

Bei der Fährte haben Sie wie bei der Schleppe einen Start- bzw. Ausgangspunkt. Zu diesem kehren Sie gemeinsam mit der gefundenen „Beute" (Dummy, Mensch etc.) zurück und belohnen den Hund erst dort. Im Gegensatz zur Schleppe liegt bei einer Fährte ein punktuelles Geruchsbild vor. Da kein Gegenstand gezogen wurde, ist die Geruchsspur immer wieder unterbrochen, weil sie primär aus einzelnen Fußabdrücken besteht. Sie können auch zusätzlich ein Dummy verwenden, das Sie immer nur punktuell mit dem Boden in Kontakt gebracht haben.

Eine Fährte wird in der Regel nicht frei, sondern an einer circa 10 bis 15 Meter langen Fährtenleine mit einer speziellen Fährtenhalsung, die breit und bequem am Hundehals anliegt, ausgearbeitet. Bei der Fährte gehen im Gegensatz zur Schleppenarbeit Mensch und Hund immer gemeinsam auf die Suche.

Schwierigkeitsgrad steigern

Wenn Ihr Hund gut eingearbeitet ist, können von einer Hilfsperson Verleitungsfährten oder Verleitungsschleppen gelegt werden. Das heißt, ein bis zwei Fährten werden quer über die eigentlich zu suchende Spur als Verleitung (= Ablenkung) gelegt. Dabei soll der Hund nicht auf die Verleitungen umsetzen, sondern die eigentliche Spur, auf die Sie ihn angesetzt haben, spurrein bis zu Ende suchen. Um den Schwierigkeitsgrad der Spurensuche weiter zu erhöhen, können Sie sowohl bei Fährten als auch bei Schleppen mehrere Winkel und Geländewechsel (von Wiese in Acker, von Acker in den Wald usw.) einbauen. Auch die Stehzeit (= Zeitabstand zwischen dem Legen der Fährte und der

1 *Hoch konzentriert folgt „Emma" mit tiefer Nase der Spur.*
2 *Nach getaner Arbeit räumt sie die Fährtenleine auf. Brav gemacht!*

Suche) und die Fährtenlänge können verändert werden. Schließlich lassen Sie Schleppen und Fährten nur noch von Helfern legen, sodass Sie zwar den Start, nicht aber den Verlauf der Spur kennen und den Hund so nicht mehr bewusst oder unbewusst durch richtungweisende Hilfen lenken können.

Ein zufriedener Hund

Schleppen- und Fährtenarbeit ist eine sehr ruhige Beschäftigung, die bei Mensch und Hund viel Konzentration erfordern. Ist der Weimaraner gut eingearbeitet, wird er sich weder durch Artgenossen noch durch andere Ablenkungen von seiner Aufgabe abbringen lassen, denn er ist voll und ganz auf seine Suche konzentriert. So wird für Ihren Silbergrauen schließlich das Drumherum immer unbedeutender werden. Im besten Fall wird er eine Wildspur als „normale" Ablenkung sehen und auf der Dummy- bzw. menschlichen Spur bleiben, auf die Sie ihn angesetzt haben.

Mit dem Suchen von Fährten können Sie bei Ihrem Weimaraner sehr viel erreichen. Ihr Hund wird ausgeglichener und zufriedener. Er hat eine Aufgabe, die ihn voll und ganz fordert und gleichzeitig seine natürlichen und instinktiven Bedürfnissen befriedigt.

2

Eine gute Alternative zur Jagdhundeausbildung: die Ausbildung zum Rettungshund.

Spezialausbildungen

Neben Apportierübungen, Schleppen- oder Fährtensuchen können Sie Ihren Weimaraner auch in dem einen oder anderen Spezialgebiet ausbilden. Durch seine ausgezeichnete Riechfähigkeit eignet sich der Graue für alle Aufgaben, die etwas mit Nasenleistung und Suchen zu tun haben. Jedoch besteht auch bei den nachfolgend beschriebenen Tätigkeiten immer die Notwendigkeit, dass der Hund führ-, kontrollier- und jederzeit abrufbar ist und sein Interesse an Wildspuren durch eine gute Basiseinarbeitung minimal ist.

Rettungshundearbeit als Sport

Eine Ausbildung zum Rettungshund wird mittlerweile auf rein sportlicher Ebene von vielen Hundevereinen angeboten. Bei diesem Training liegen die Anforderungen an Halter und Hund und der dafür nötige Zeitaufwand in einem überschaubaren Rahmen (Übungseinheiten ca. einmal die Woche und meistens im selben Gebiet). Findet sich eine Arbeitsgruppe, bei der Hunde und Menschen gut zusammenpassen, sind Suchen nach Freunden oder Familienmitgliedern in unwegsamem Gelände, Flächensuchen oder Mantrailing spannende und empfehlenswerte Beschäftigungsmöglichkeiten für einen Weimaraner.

Rettungshund im Einsatz

Anders verhält es sich bei einem einsatzfähigen Rettungshund. Dieser speziell ausgebildete Hund kommt bei Vermisstensuchaktionen, aber auch bei Katastrophen zum

Einsatz. Wollen Sie zusammen mit Ihrem Hund humanitäre Hilfe im Ernstfall leisten, müssen Sie neben einem sehr hohen Zeitaufwand (regelmäßige Übungseinheiten mehrmals die Woche) und einem oftmals wechselnden Trainingsgebiet (lange Anfahrtswege) auch große körperliche Anstrengungen in Kauf nehmen. Deshalb sollten Sie körperlich fit, psychisch belastbar und teamfähig sein. Zudem benötigen Sie gute Kenntnisse in Erster Hilfe bei Mensch und Hund, Kenntnisse im Karten- und Kompasslesen sowie bei der Handhabung von Ortungsgeräten. Sie sollten sowohl die Leistungsgrenze Ihres Hundes kennen als auch Gefahren richtig einschätzen können und Tag und Nacht für Einsätze zur Verfügung stehen.

Unterschätzen Sie diese meist ehrenamtliche Tätigkeit nicht, denn „echte" Rettungseinsätze fordern das Mensch-Hund-Gespann sehr. Auch Ihr Hund muss einige Kriterien erfüllen, um für diese Aufgaben befähigt zu sein. So sollte er sich gegenüber Mensch und Tier sozial freundlich verhalten sowie gesund, fit und absolut nervenfest sein.

Nicht geeignet sind Hunde, die Probleme mit ungewohnten Umweltreizen und Geräuschen (auch Schüsse) haben. Regelmäßige Leistungskontrollen, Gesundheitschecks sowie Impfungen müssen bei einem einsatzfähigen Mensch-Hund-Team immer aktuell gegeben sein.

Aufgabengebiete

Trümmersuche

Eine sehr schwierige Aufgabe für einen Rettungshund ist die sogenannte Trümmersuche. Einsatzgebiete sind hier zum Beispiel eingestürzte Gebäude, in denen der Hund nach verschütteten Opfern sucht und dabei selbst Unfallgefahren ausgesetzt ist. Er muss die menschliche Witterung aus einer

Die beiden Rettungshunde-Weimaraner lernen in ihrer Ausbildung, ebenso wie in der Jagdhundeausbildung, das bogenreine Absuchen einer Fläche.

Vielzahl anderer Gerüche herausfiltern und darf sich durch Fremdgerüche nicht ablenken lassen. Einsätze finden beispielsweise nach Gasexplosionen oder in Erdbebenkrisengebieten statt.

Flächensuche

Bei der Flächensuche müssen unwegsames Gelände oder größere Waldflächen nach Menschen wie beispielsweise vermisste Kinder oder verwirrte ältere Personen abgesucht werden. Der Hund wird dazu ausgebildet, ein in Quadrate eingeteiltes Gelände auf menschliche Witterung hin abzusuchen (durchzustöbern) und jede gefundene Person über sein individuelles Anzeigeverhalten durch Verbellen oder Rückverweisen anzuzeigen, egal ob diese sitzt, kauert, liegt oder läuft (siehe Verweisen Seite 158). Auch in der Jagdausbildung gibt es dieses systematische Absuchen eines definierten Gebietes, zum Beispiel ein durch Wege begrenztes Waldstück oder eine Wiesenfläche, die an Acker, Wald oder Wege grenzt. Bei diesem sogenannten „Bogenreinen Suchen“ soll auch der Jagdhund die Grenzen nur geringfügig überschreiten. Der Unterschied liegt wie bei Apport-, Schleppen- oder Fährtensuchen lediglich im dem, was gesucht wird – Wild oder Menschen.

Lawinensuche

Bei der Suche nach Lawinenopfern suchen die Hunde das Lawinenfeld ähnlich wie bei der Flächensuche ab. Da ein besonders rascher Einsatz der Suchhunde aufgrund der Lebensgefahr der Opfer durch Unterkühlung, Ersticken oder Erschöpfung notwendig ist, muss der Hund die Beförderung mit Pistenfahrzeugen, Sessellift oder Hubschrauber kennen. Lawinensuchhundeteams sind in Deutschland nicht in Rettungshundestaffeln organisiert, sondern gehören meist der Bergwacht an.

Mantrailing

Mantrailing ist ein Spezialgebiet des Rettungshundewesens. Beim Mantrailing verfolgt der Hund weniger die Bodenverletzung wie bei der Fährte, sondern den Individualgeruch eines bestimmten Menschen. Ein Mensch hinterlässt seine individuellen Geruchsstoffe, die sich aus Hautschuppen, Haaren, Kleidungsflusen u. Ä. zusammensetzen. Diese feinen Partikel werden vom Wind oft von der eigentlichen Spur weggetragen. Der Hund nimmt den Geruch von einem persönlichen Gegenstand des Gesuchten auf, zum Beispiel von einem Kleidungsstück oder Schuh. Dazu wird ihm meist eine Plastiktüte, in der der Gegenstand liegt, kurz vor die Nase gehalten.

Begonnen wird die Suche an der Stelle, an der der Mensch das letzte Mal gesehen wurde, bevor er verschwand. Der Hund verfolgt die Spur nicht nur in der Natur, sondern auch durch bewohnte Gebiete.

Alltags- und Freizeitbeschäftigungen

Neben den vielen interessanten Aktivitäten in der Natur wie Apportier- und Suchübungen hat der Weimaraner auch einen ausgeprägten Bewegungsdrang. Da die meisten Hundehalter leider nicht jeden Tag Zeit und Gelegenheit haben, für ihren Silbergrauen Dummys zu verstecken, Schleppen oder Fährten zu legen oder Mantrails zu organisieren, braucht es noch andere Tätigkeiten, um diesen Hund auszulasten. Es bieten sich unter bestimmten Voraussetzungen einige Möglichkeiten an.

Das ist zu beachten

Sportliche Freizeitbeschäftigungen sind außergewöhnliche Belastungen für noch nicht voll entwickelte Hundekörper. Muskeln und Gelenke sind noch nicht gefestigt. Ihr Weimaraner sollte deshalb mindestens ein Jahr alt und gesund sein, bevor Sie mit Freizeitsportarten wie Joggen oder dem Laufen neben Rad oder Pferd beginnen.

Beim Fahrradfahren sollten Sie Ihren Vierbeiner immer an der dem Straßenverkehr abgewandten Seite führen. Wir verwenden das Signal „Fuß“ für das Gehen an der linken Seite und ein spezielles Signal, wie zum Beispiel „Rad“, für das Laufen rechts am Rad. Bringen Sie Ihrem Weimaraner unbedingt bei, die Aufforderungen „Langsam!“, „Steh!“ und „Weiter geht's!“ zuverlässig zu befolgen.

Wichtig! Nach wie vor ist ein Verhaltensabbruch, also ein vom Hund verlässlich befolgtes Stoppsignal, eine der wichtigsten

Wandern ist auch des Weimaraners Lust. Im Hunderucksack trägt „Emma" die leichten Wanderutensilien gern selbst.

Gehorsamsübungen. Nur wenn das klappt, können Sie Ihrem Vierbeiner Freilauf bei allen Freizeitaktivitäten gestatten, da Sie ihn zum Beispiel bei Sichtigwerden von Wild und anderen Ablenkungs- oder Gefahrsituationen abrufen oder stoppen können!

Pausen nicht vergessen

Verlegen Sie im Hochsommer Ihre sportlichen Aktivitäten möglichst auf die kühleren Morgen- oder Abendstunden und machen Sie bei längeren Laufstrecken, Fahrten, Ausritten zwischendurch immer wieder Pausen. Wenn sich der Hund bei kurzem Stehenbleiben sofort hechelnd niederlegt, dann war es höchste Zeit für einen Halt. Suchen Sie einen schattigen Ruheplatz und reichen Sie ihm Wasser, das Sie immer dabeihaben. Die natürliche Fortbewegung eines Hundes ist ein ständiger Wechsel zwischen Stehen, Gehen, Traben und Galoppieren. Deshalb ist für längere Ausflüge eine freie Gangartwahl ohne Leine für den Hund angenehmer. So kann der Vierbeiner das Tempo selbst bestimmen, sich zwischendurch lösen oder schnüffeln.

Joggen

Das Joggen ist eine wunderbare Möglichkeit, etwas für die eigene Gesundheit zu tun, und Ihr Weimaraner wird Ihnen dabei gern Gesellschaft leisten. Natürlich muss er die gesundheitlichen Voraussetzungen dafür mitbringen.

Denken Sie daran, dass Ihre Füße mit Laufschuhen geschützt sind, während Ihr Hund sich beim Rennen auf Beton, Asphalt oder anderen harten Böden ernsthafte Verletzungen mit Spätfolgen zuziehen kann. Laufen Sie am besten auf Gras oder unasphaltierten Nebenwegen, das schont Ihre und seine Gelenke.

Fahrradfahren

Neben dem Rad zu laufen, macht den meisten Hunden Spaß. Um Unfälle zu vermeiden, halten Sie beim Radfahren die Leine immer locker in der Hand und nie um Lenkstange oder Handgelenk gewickelt. Nur so können Sie diese im Notfall schnell loslassen.

Beim Fahren bestimmt immer der Hund das Tempo. Die Länge der Strecke und die Geschwindigkeit werden nur langsam gesteigert.

Beim Sporttreiben beachten

- Pausen einlegen.
- Immer Wasser dabeihaben.
- Keine zu jungen, kranken oder alten Hunde mitlaufen lassen.
- Die Laufleistung (Strecke und Tempo) langsam steigern.
- Nicht bei Mittagshitze fahren/laufen.
- Immer wieder die Pfoten kontrollieren.
- Nicht zu lange auf Asphalt fahren/laufen.
- Abgasreiche Strecken meiden.
- Fußgängerwege und stark frequentierte Radwege meiden.
- Erst nach dem Sport füttern.

Nicht nur Huskys eigenen sich als Schlittenhunde. Auch Weimaraner können Spaß am Ziehen haben.

Reiten

Auch ein Reitbegleithund sollte sich sicher auf beiden Seiten führen lassen, denn je nach Reitweg kann es notwendig sein, den Hund rechts statt wie üblich links zu führen. Außerdem ist es hilfreich, wenn der Hund einige Notfallsignale kennt, mit denen man ihn vom Pferd wegschicken kann, wenn eine Situation brenzlig wird.

Die Voraussetzung für ein Ausreiten mit Hund und Pferd ist zum einen ein guter Reiter, der auch in der Lage ist, einhändig zu reiten, und zum anderen ein solides Vertrauensverhältnis zwischen Hund und Pferd, denn keinesfalls darf der Hund nach dem Pferd schnappen oder das Pferd nach dem Hund treten. Pferd und Hund sollten verkehrssicher sein.

Wichtig! Vorsicht mit zu langen Führ- oder Schleppleinen, sie können sich in hektischen Momenten um die Pferdebeine wickeln und schwere Unfälle verursachen.

Bergwanderung

In den Bergen gelten eigene Regeln, die Sie beim Wandern mit Ihrem Weimaraner unbedingt beachten sollten. Zuerst ist auch hier eine gute Vorbereitung Voraussetzung, zum Beispiel angemessenes Konditionstraining mit immer länger werdenden Spaziergängen, die dann zu Halbtags- und später zu Tagestouren werden. Klettersteige sind für Wanderungen mit Hund ungeeignet, deshalb informieren Sie sich vorher über den Schwierigkeitsgrad und die Beschaffenheit des Geländes. In Ihren Wanderrucksack gehören neben Ihren Utensilien auch Zubehör für Ihren vierbeinigen Begleiter, zum Beispiel Wasser, Futter, Hundedecke und Handtücher. Empfehlenswert ist im Gebirge ein gut sitzendes spezielles Hundegeschirr, aus dem der Graue nicht herausrutschen kann, versehen mit einem Hebegriff am Rücken, um ihn festhalten oder heben zu können. Führen Sie den Hund sicherheitshalber in steilem Gelände an einer Leine!

Wichtig! Die kleine Notfallapotheke für Mensch und Hund und spezielle Hundeschuhe, falls eine Hundepfote durch die scharfkantigen Gebirgssteine verletzt wird, dürfen nicht fehlen.

Nordic Walking mit Hund

Diese finnische Sportart ist eine gute Möglichkeit, gemeinsam mit dem Hund fit zu bleiben. Wie beim Radfahren, Reiten oder Joggen muss Ihr Weimaraner auch beim Nordic Walking Leinenführigkeit und guten Gehorsam besitzen. Gewöhnen Sie den Vierbeiner zuerst an die Stöcke, damit er die

Gehhilfen als normal empfindet. Der Hund soll sich Ihrem Gehrhythmus anpassen und trotz der Pendelarmbewegung locker auf Kniehöhe gehen. Ist er angeleint, muss die Länge der Leine passend eingestellt sein, damit der Hund zum einen genügend Bewegungsspielraum hat und zum anderen die Leine sich nicht in den Stöcken verheddert.

Trekking mit dem Weimaraner

Trekkingabenteuer werden immer beliebter. Ein Rucksackurlaub führt Mensch und Hund teils durch unberührte, fremde Landschaften und in andere Kulturen. Gute Gruppenverträglichkeit, Flexibilität und Kondition sind Voraussetzung. Für Hundefans gibt es inzwischen ein breit gefächertes Angebot.

Trekking im Winter

Abenteuer pur verspricht ein winterliches Trekking mit dem Hund. Da gibt es Hundeschlitten- oder Schneeschuhtouren. Anstelle der Schneeschuhe können auch Langlauf- oder Tourenskier verwendet werden.

Weimaraner als Zughund

Weit früher als Pferde wurden Hunde als Zugtiere genutzt. Seit Kurzem hat man den Zugkarren im Hundesport wieder neu entdeckt. Manche Zughundevereine veranstalten mehrtägige Trekkingtouren für Mensch und Hund.

Als Zughund geeignet sind Rassen, die 30 Kilogramm oder mehr wiegen und mindestens 50 Zentimeter Schulterhöhe haben – wie der Weimaraner.

Ab circa 18 Monaten kann der junge Weimaraner durch ein behutsames Training langsam an das Ziehen eines Wagens oder Schlittens über ein spezielles Zuggeschirr gewöhnt werden. In der Regel versteht der Vierbeiner sehr schnell, um was es beim Ziehen geht. Die Ziehzeit im Geschirr wird nur langsam gesteigert, damit der Hund nicht den Spaß verliert.

Ein geübter Zughund kann maximal eine Etappe von circa zwei Stunden zurücklegen. Dann muss er sich wieder frei bewegen und Wasser aufnehmen können.

SERVICE

HUNDEAUSBILDUNG NACH
FICHTLMEIER®

Fichtlmeiers Hundeschule

Anton Fichtlmeier ist einem großen Publikum durch TV, Bücher, international prämierte DVDs und die Fachpresse bekannt. Seine Forschungsergebnisse gibt er in Fachvorträgen und Seminaren weiter. Er decodierte Verhaltensmuster, die unter dem Begriff „Gruppen bildende Interaktionsmuster“ bekannt wurden. Diese bedienen neben dem Spielverhalten der Hunde einen eigenen Funktionskreis. Seine Arbeitsweise beeinflusst heute einen Großteil der Hundeszene.

Der Weg des Vertrauens – ein etwas anderer Weg zur Seele des Hundes …

Gegenseitiges Verstehen und füreinander da sein sollten die Basis der Partnerschaft zwischen Hund und Mensch sein, das ist die Philosophie von Anton Fichtlmeier.

Immer mehr Hundebesitzer und Hundetrainer wollen den Weg des Vertrauens gehen und die Kommunikation mit den Vierbeinern erlernen. So ist Anton Fichtlmeiers Hundeausbildung heute eine von zahlreichen Hundeschulen, Trainern und Hundebesitzern erfolgreich eingesetzte Methode,

die eine optimale Basisausbildung für den Familien-, Jagd- oder Rettungshund vermittelt. Nach seinem lizenzierten Ausbildungskonzept arbeiten immer mehr Hundeschulen im deutschsprachigen Raum.

Aus diesem Grund baut Anton Fichtlmeier ein Netzwerk von ausgewählten, kompetenten Partnern, die seine Methode erfolgreich praktizieren, in Deutschland, Österreich und der Schweiz, kontinuierlich aus.

Interessierte finden mehr Informationen und alle Kontaktdaten im Internet unter www.fichtlmeier.de.

Gila Fichtlmeier begleitet die Arbeit ihres Mannes mit der Film- und Fotokamera. Beide lieben Weimaraner, diese ganz besonderen Hunde, mit denen sie schon seit vielen Jahren ihr Leben teilen.

Danke

Als Erstes möchten wir unserer eigenen Weimaraner gedenken, die wir nicht nur wegen ihrer Schönheit, sondern vor allem wegen ihres Wesens lieben.
Einen unschätzbaren Beitrag an diesem Buch hat unsere liebe Freundin Susanne Ehlers durch ihre Mitarbeit und ihre kritische Manuskriptbearbeitung geleistet. Ein herzliches Danke dafür.

Unser großer Dank gilt Désirée Bethge und Gerd Berger, die immer wieder ihre journalistische Fachkunde und ihren großen Erfahrungsschatz bei der Strukturierung und redaktionellen Bearbeitung unserer Bücher und DVDs einbringen.

Unser weiterer Dank gilt allen Züchtern und Weimaraner-Liebhabern, die uns ihre Zeit geschenkt und sich und ihre Silbergrauen als Fotomodelle zur Verfügung gestellt haben. In diesem Zusammenhang möchten wir uns auch bei Stefan Leipold für seine fotografische Mithilfe bedanken und ebenso bei allen, die uns die Fotografien ihrer Weimaraner überlassen haben.

Unser herzliches Dankeschön geht auch an all die kritischen Manuskriptleser, die uns immer wieder tatkräftig unterstützt haben. Die dabei entstehenden Diskussionen sind uns wieder eine unschätzbare Hilfe.

Zu guter Letzt möchten wir uns beim Kosmos-Verlag und bei unserer Lektorin Ute-Kristin Schmalfuß für die gute Zusammenarbeit bedanken.

Zum Weiterlesen

Bücher

Feddersen-Petersen, Dorit:
Ausdrucksverhalten beim Hund.
Kosmos, 2008

Hundepsychologie. Kosmos, 2004

Fichtlmeier, Anton:
Grunderziehung für Welpen. Kosmos, 2005

Der Hund an der Leine. Kosmos, 2007

Weidt, Andrea:
Hundeverhalten. Das Lexikon. Roro-Press Verlag AG, 2005

Zvolsky, Norma:
Grunderziehung und Dummytraining.
Kosmos, 2009

Trainingsbuch für Retriever. Markieren, Einweisen, Verlorensuche. Kosmos, 2010

Nützliche DVDs

Fichtlmeier, Anton: Der Weg des Vertrauens – Grundlagen. Anton Fichtlmeier Filmproduktion, 2004
Der Hund an der Leine. Anton Fichtlmeier Filmproduktion, 2009

Der brauchbare Jagdhund im Feld. Anton Fichtlmeier Filmproduktion, 2006
Der brauchbare Jagdhund am Wasser. Anton Fichtlmeier Filmproduktion, 2006

Quellen

Andrews, Deborah G.: 100 Jahre Weimaraner Klub e.V. Erinnerungen an die Jubiläumsfeier, 1897 – 1997

Brandner, Michael: Die Jagd von der Urzeit bis heute. Manfred Pawlak Verlags-Gmbh, 1972

Eichelberg, Dr. Helga: Hundezucht. Kosmos, 2006

Eickhoff, Dr. med. vet. Markus: Das Hundezahnbuch. Probleme erkennen, richtig vorbeugen, Schmerzen vermeiden. Parey, 2008

Fichtlmeier, Anton: Grunderziehung für Welpen. Kosmos, 2005
Der Hund an der Leine. Kosmos, 2007
Jagdgebrauchshunde 3. Wild und Hund Exklusiv. Paul Parey, 2005
Jagdgebrauchshunde 4. Wild und Hund Exklusiv. Paul Parey, 2007
Wild und Hund Heft 7/2006: „Zur Ruhe reizen“, Paul Parey, 2006

Friess, Rudolf: Unsere Jagdhunde. BLV, 1960

Gesner, Conrad: Von den Hunden und dem Wolf. Edition Tieger-Autorenhaus Verlag GmbH, 2008

Harper, Lavonia: Weimaraner. Bede, 2007

Hegendorf: Der Gebrauchshund. Verlagsbuchhandlung Paul Parey, 1942

Hölzl, Manfred: Die deutschen Vorstehhunde. Kynos, 1986

Ilgner, Emil: Gebrauchs- und Luxushunde. Creutz'sche Verlagsbuchhandlung Magdeburg, 1902

Krewer, Bernd: Jagdhunde in Deutschland. BLV, 1991

Meier, Karl: Weimaraner Chronik, 1895 – 1995. Eigenverlag für geschichtliche Kynologie, 1994
Petrie, Dr. Werner: Weimaraner heute. Kynos, 2007
Petrie, Dr. Werner: Der Weimaraner Vorstehhund. Informationsschrift des Weimaraner Klubs e. V., 3. Aufl.
Räber, Hans: Enzyklopädie der Jagdhunde. Kosmos, 2007
Ridinger, Joh. Elias: Wild und Weidwerk. C. Bertelsman, 1959
Strebel, Richard: Die Deutschen Hunde und ihre Abstammung, Band I + II Original. Frankfurt am Main, Kynologischer Verlag von Kern & Birner, 1905
Vetterli, Paul: Die Jagdhunde. Albert Müller Verlag, A.-G., Rüschlikon-Zch, 1949
Zimmermann, Heinrich (Hrsg): Das Lexikon der Hundefreunde. Bd. I: A – H. Verlag von Mensch und Tier, 1933
Zimmermann, Heinrich (Hrsg.): Das Lexikon der Hundefreunde. Zweiter Band I – Z. Mit zahlreichen Abbildungen. Erste Ausgabe. Verlag von Mensch und Tier, 1934

Nützliche Adressen

VDH
Verband für das Deutsche Hundewesen e. V.
Westfalendamm 174
44141 Dortmund
info@vdh.de
www.vdh.de

Weimaraner-Klub e. V.
Welpenvermittlungsstelle
Wilfried Möllenberg
Dorfstraße 8
26215 Wiefelstede/Conneforde
w.moellenberg@web.de
www.weimaraner-klub-ev.de

Österreichischer Weimaraner Verein
Geschäftsstelle
Helene Göbel
Hirschgatter im Häufel 1
3484 St. Johann
www.weimaranerverein.at

Rettungshundestaffel Nordbayern.de
Jeannette Rauschert
1. Vorstand
Hofstattstr. 18
97291 Thüngersheim
jeannetterauschert@gmx.de
www.rettungshundestaffel-nordbayern.de

Jagdgebrauchshundeverband e. V. JGHV
Lutz Frank
Neue Siedlung 6
15938 Drahnsdorf
frank@jghv.de
www.jghv.de

Krambambulli Jagdhundhilfe e. V.
Gabriele Winter
1. Vorstand
Hauptstraße 41
53547 Breitscheid
www.krambambulli.de

Jagdhunde in Not e. V.
Konny Ritter
1. Vorstand
51545 Waldbröl
info@jagdhunde-in-not.de
www.jagdhunde-in-not.de

Fichtlmeiers Online-Shop
Gila Fichtlmeier
Bachhauserwies 30
82335 Berg
www.best4dogs.de

Register

Bildnachweis

176 Farbfotos wurden von Gila Fichtlmeier für dieses Buch aufgenommen. Weitere 19 Fotos von Anton Fichtlmeier (6: 40 o, 41 o, 69, 61, 109 o), Michael Hans (1: S. 176), Elke Käppner (1: S. 12 oli), Sasha Krajnakova (1: S. 181), Stefan Leipold (4: S. 63 li, 85, 99, 134 u),Andreas Rußwurm (4: S. 163 o, 170 beide, 171 o) und Wolfgang Zebisch (2: S. 52 re, 55 ure).

Historische Abbildungen: S. 14 li (Brandner: „Die Jagd von der Urzeit bis heute", 1972); S. 14 re (Ridinger: „Wild und Weidwerk", 1959); S. 15, 17 (Strebel: „Die Deutschen Hunde und ihre Abstammung", 1905); S. 24 li (Ilgner: „Gebrauchs- und Luxushunde", 1902); S. 23, 25, 26, 27 (Andrews: „100 Jahre Weimaraner Club e. V.", 1897 – 1997); S. 24 re (Hegendorf: „Der Gebrauchshund", 1942).

Impressum

Umschlaggestaltung von eStudio Calamar unter Verwendung von 4 Farbfotos von Gila Fichtlmeier.

Mit 195 Farbfotos

Alle Angaben in diesem Buch erfolgen nach bestem Wissen und Gewissen. Sorgfalt bei der Umsetzung ist indes dennoch geboten. Der Verlag und die Autoren übernehmen keinerlei Haftung für Personen-, Sach- oder Vermögensschäden, die aus der Anwendung der vorgestellten Materialien und Methoden entstehen könnten.

Unser gesamtes lieferbares Programm und viele weitere Informationen zu unseren Büchern, Spielen, Experimentierkästen, DVDs, Autoren und Aktivitäten finden Sie unter **www.kosmos.de**

ISBN 978-3-440-11853-5
Projektleitung: Hilke Heinemann
Redaktion: Ute-Kristin Schmalfuß
Gestaltungskonzept: eStudio Calamar
Gestaltung und Satz: Atelier Krohmer, Dettingen/Erms
Produktion: Eva Schmidt
Printed in Germany / Imprimé en Allemagne

KOSMOS.

Hunde erfolgreich erziehen.

Der Weg des Vertrauens

Zuwendung, Vertrauen und eine klare Orientierung – hier setzt Fichtlmeiers Hundeschule an. „Ja" oder „Nein", „Richtig" oder „Falsch" sind eindeutige Signale für jeden Welpen. Mit Hilfe dieses binären Systems können Sie von Anfang an mit Ihrem kleinen Hund in einen engen kommunikativen Kontakt treten. Sitz, Platz, Leinenführigkeit und sogar erstes Apportieren werden so freudig ausgeführt.

Anton Fichtlmeier | **Grunderziehung für Welpen**
218 S., 367 Abb., €/D 24,90
ISBN 978-3-440-09988-9

Einzigartig und erfolgreich

Ruhig und entspannt einen Hund an der Leine führen – kein Wunschtraum! Mit diesem erfolgreichen und leicht umsetzbaren Konzept kommunizieren Sie mit Ihrem Hund über die Leine. Sie dient dabei als effizientes Hilfsmittel, um Übereinkünfte wie „Richtig" oder „Falsch" zu treffen. Dadurch bauen Sie innerhalb kurzer Zeit eine gut funktionierende Signalebene mit Ihrem Hund auf.

Anton Fichtlmeier | **Der Hund an der Leine**
176 S., 245 Abb., €/D 19,95
ISBN 978-3-440-10993-9

Preisänderung vorbehalten

www.kosmos.de/hunde

VANS